ローマ字・かな対応表

本書では、ローマ字入力で解説を行っています。ローマ字入力が
わからなくなったときは、こちらの対応表を参考にしてください。

あ行

あ	い	う	え	お
A	I	U	E	O
ぁ	ぃ	ぅ	ぇ	ぉ
LA	LI	LU	LE	LO
うぁ	うぃ		うぇ	うぉ
WHA	WHI		WHE	WHO

か行

か	き	く	け	こ
KA	KI	KU	KE	KO
が	ぎ	ぐ	げ	ご
GA	GI	GU	GE	GO
きゃ	きぃ	きゅ	きぇ	きょ
KYA	KYI	KYU	KYE	KYO
ぎゃ	ぎぃ	ぎゅ	ぎぇ	ぎょ
GYA	GYI	GYU	GYE	GYO

さ行

さ	し	す	せ	そ
SA	SI	SU	SE	SO
ざ	じ	ず	ぜ	ぞ
ZA	ZI	ZU	ZE	ZO
しゃ	しぃ			
SYA	SYI			
じゃ	じぃ			
JYA	JYI			

JN028201

た行

た	ち	つ	て	と
TA	TI	TU	TE	TO
だ	ぢ	づ	で	ど
DA	DI	DU	DE	DO
てゃ	てぃ	てゅ	てぇ	てょ
THA	THI	THU	THE	THO
でゃ	でぃ	でゅ	でぇ	でょ
DHA	DHI	DHU	DHE	DHO
ちゃ	ちぃ	ちゅ	ちぇ	ちょ
TYA	TYI	TYU	TYE	TYO
ぢゃ	ぢぃ	ぢゅ	ぢぇ	ぢょ
DYA	DYI	DYU	DYE	DYO
		っ		
		LTU		

な行

な	に	ぬ	ね	の
NA	NI	NU	NE	NO
にゃ	にぃ	にゅ	にぇ	にょ
NYA	NYI	NYU	NYE	NYO

は行

は	ひ	ふ	へ	ほ
HA	HI	HU	HE	HO
ば	び	ぶ	べ	ぼ
BA	BI	BU	BE	BO
ぱ	ぴ	ぷ	ぺ	ぽ
PA	PI	PU	PE	PO
ひゃ	ひぃ	ひゅ	ひぇ	ひょ
HYA	HYI	HYU	HYE	HYO
びゃ	びぃ	びゅ	びぇ	びょ
BYA	BYI	BYU	BYE	BYO
ぴゃ	ぴぃ	ぴゅ	ぴぇ	ぴょ
PYA	PYI	PYU	PYE	PYO
ふぁ	ふぃ		ふぇ	ふぉ
FA	FI		FE	FO

ま行

ま	み	む	め	も
MA	MI	MU	ME	MO
みゃ	みぃ	みゅ	みぇ	みょ
MYA	MYI	MYU	MYE	MYO

や行

や		ゆ		よ
YA		YU		YO
ゃ		ゅ		ょ
LYA		LYU		LYO

ら行

ら	り	る	れ	ろ
RA	RI	RU	RE	RO
りゃ	りぃ	りゅ	りぇ	りょ
RYA	RYI	RYU	RYE	RYO

わ行

わ		を		ん
WA		WO		NN

おすすめショートカットキー

ショートカットキーとは、そのキーを押すことで、マウスを動かすことなくパソコンの操作を行うことのできるキーです。覚えておくと操作が早くなるので便利です。「⊞ + ↑」と書いてある場合は、⊞ キーを押したままの状態で、↑ キーを押します。

デスクトップ画面で使えるショートカットキー

⊞
スタートメニュー（スタート画面）の表示・非表示を切り替えます。

⊞ + ↑
デスクトップ画面のウィンドウを最大化します。

⊞ + ↓
デスクトップ画面のウィンドウを最小化します。

⊞ + D し
デスクトップ画面の表示・非表示を切り替えます。

⊞ + I に
設定画面を表示します。

⊞ + Q た
検索画面を表示します。

Alt + Tab
デスクトップ画面で使っているウィンドウを切り替えます。

Alt + F4
ウィンドウを閉じます。

多くのアプリケーションで共通に使えるショートカットキー

選択したものをコピーします。

選択したものを切り取ります。

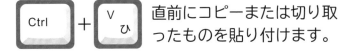
直前にコピーまたは切り取ったものを貼り付けます。

ファイルを上書き保存します。

印刷画面を表示します。

直前に行った操作を取り消します。

新しいファイルを開きます。

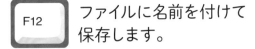
ファイルに名前を付けて保存します。

大きな字でわかりやすい

で

わかりやすい

エクセル

2019 入門

AYURA：著

技術評論社

本書の使い方

本書の各セクションでは、手順の番号を追うだけで、エクセルの各機能の使い方がわかるようになっています。

このセクションで使用する基本操作の参照先を示しています

基本操作を赤字で示しています

上から順番に読んでいくと、操作ができるようになっています。解説を一切省略していないので、迷うことがありません！

操作の補足説明を示しています

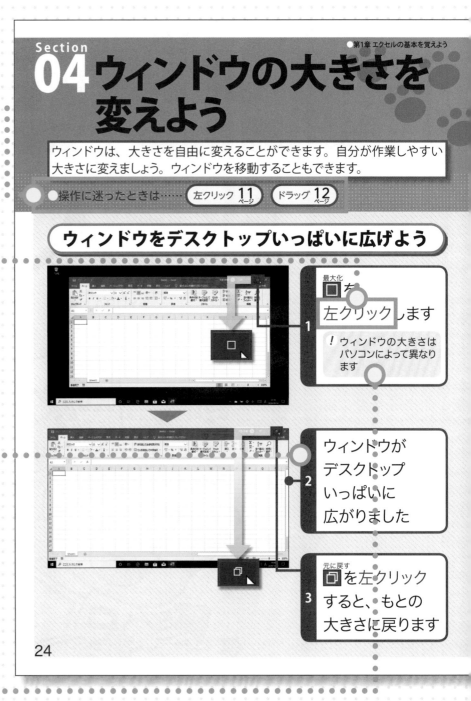

文書のサンプルファイルをダウンロードすることができます。ブラウザーに次のURLを入力して、表示された画面の指示に従ってください

http://gihyo.jp/book/2020/978-4-297-11141-0/support

小さくて見えにくい部分は、→を使って拡大して表示しています

ドラッグする部分は、···➤で示しています

ほとんどのセクションは、2ページでスッキリと終わります

操作の補足や参考情報として、コラム（ Column 、 📖 ）を掲載しています

大きな字でわかりやすい エクセル 2019入門

第7章　印刷をしよう　142

付録　知っておきたいエクセル Q&A　154

マウスを持ってみよう

パソコンを操作するには、マウスを使います。マウスのしくみや正しい持ち方をきちんと覚えましょう。ノートパソコンの場合も、マウスをつないで使うことができます。

 マウスのしくみ

マウスには、左右2つのボタンとホイールが付いています。

ホイール
人差し指でくるくると回して使います。パソコンの画面を上下に動かすときに使います

ほとんどの操作は
左ボタンだけで行えます！

左ボタン
一番よく使うボタンです。左ボタンを1回押すことを、左クリックといいます

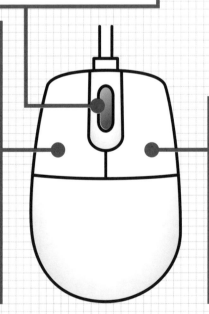

右ボタン
右ボタンを1回押すことを、右クリックといいます

解説 マウスの持ち方

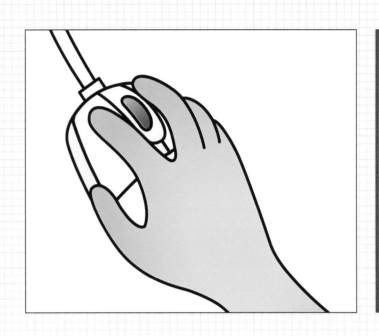

平らな場所にマウスを置き、手のひらで包むように持ちます。人差し指を左ボタンの上、中指を右ボタンの上に置きます

Column ノートパソコンの場合

ノートパソコンでは、マウスのかわりにタッチパッドで操作します。マウスのボタンと同じ使い方ができますが、慣れないうちは使いにくいかもしれません。
最初は、マウスをつなげて使うことをおすすめします。

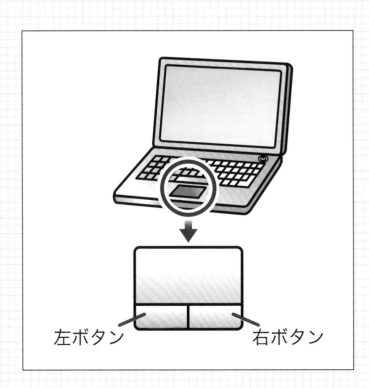

左ボタン　　　　　　右ボタン

マウスを
動かしてみよう

マウスを実際に動かしてみましょう。マウスの基本操作は、移動・クリック・ダブルクリック・ドラッグの4つです。慣れると自然にできるようになるので、何度もやってみましょう。

解説 **ポインターを移動する**

マウスを動かすと、その動きに合わせて画面上の矢印（ ）が移動します。この矢印を「ポインター」といいます。

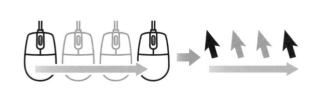

> マウスを右に動かすと、ポインターも右に移動します

■マウスパッドの端に来てしまったときは

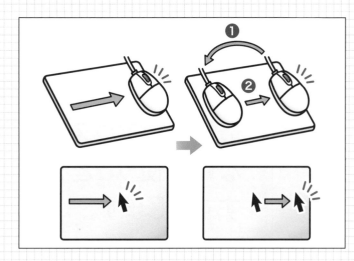

> マウスをマウスパッド（または机）から浮かせて、左側に持っていきます❶。そこからまた右に移動します❷

解説 📖 マウスをクリックする

マウスを固定して左ボタンを１回押すことを「左クリック」といいます。右ボタンを1回押すことを「右クリック」といいます。

1 9ページの方法でマウスを持ちます

2 人差し指で左ボタンを軽く押します

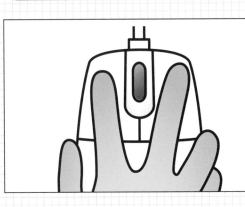

カチッ

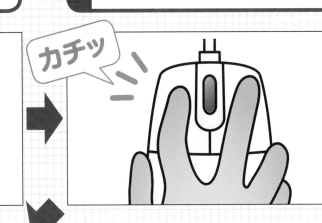

3 すぐにもとに戻します。左ボタンがもとの状態に戻ります

●右クリックの場合

カチッ

同様に、右ボタンを押すと右クリックができます

クリックは、ボタンを押してすぐに戻す操作です。押し続けてはいけませんよ

マウスをドラッグする

マウスの左ボタンを押したままマウスを移動することを、「ドラッグ」といいます。移動中、ボタンから指を離さないように注意しましょう。

左ボタンを押したまま移動して…	指をもとに戻す

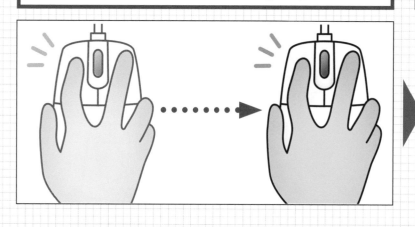

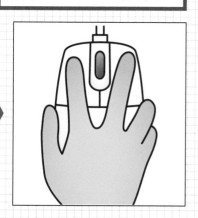

 ## マウスをダブルクリックする

マウスの左ボタンをすばやく2回続けて押すことを「ダブルクリック」といいます。

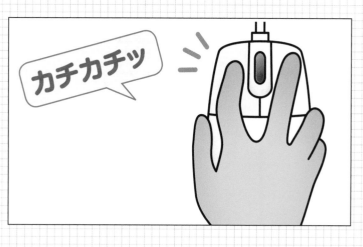

解説 📖 タッチ操作を利用する

タッチスクリーンに対応したパソコンでは、指で画面に直接触れてマウスと同じ操作を行うことができます。

タップ
対象を1回トンとたたきます（マウスの左クリックに相当）

ダブルタップ
対象をすばやく2回たたきます（マウスのダブルクリックに相当）

ホールド
対象を少し長めに押します（マウスの右クリックに相当）

ドラッグ
対象に触れたまま、画面上を指でなぞり、上下左右に移動します

よく使うキーを確認しよう

パソコンで文字を入力するには、キーボードを使います。キーボードにはたくさんのキーが並んでいます。ここでは、よく使うキーの名称と、キーに割り当てられた機能を確認しましょう。

解説 キーの名称と機能

❶ 半角／全角キー

❸ 文字キー

❺ BackSpace（バックスペース）キー

❷ Esc（エスケープ）キー

❹ ファンクションキー

❻ Delete（デリート）キー

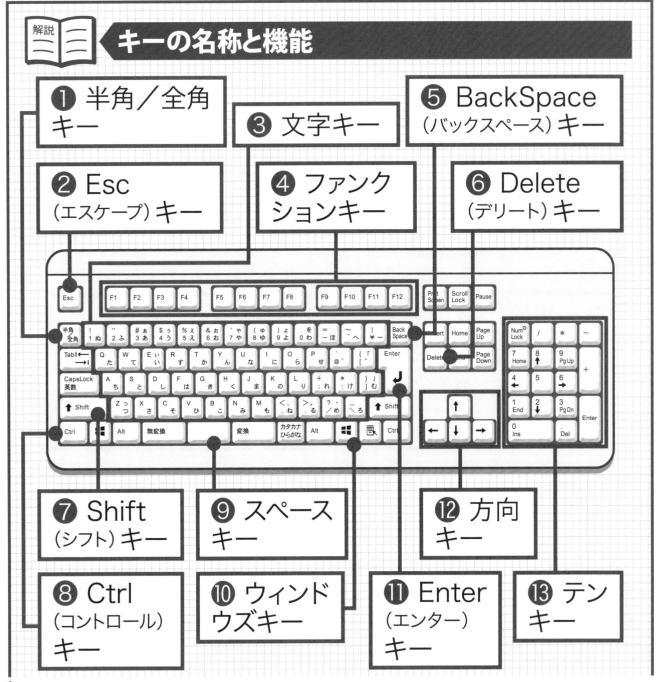

❼ Shift（シフト）キー

❾ スペースキー

⓬ 方向キー

❽ Ctrl（コントロール）キー

❿ ウィンドウズキー

⓫ Enter（エンター）キー

⓭ テンキー

＊キーの配列は、パソコンの種類によって異なります。

❶ 半角／全角キー

日本語入力モードと半角英数入力モードを切り替えます（43ページ参照）。

❷ Esc（エスケープ）キー

入力した文字を取り消したり、選択した操作を取り消したりします。

❸ 文字キー

ひらがなや英数字、記号などの文字を入力します。

❹ ファンクションキー

それぞれのキーに、文字を入力したあとにカタカナに変換するなどの機能が登録されています。

❺ BackSpace（バックスペース）キー

⎮（カーソル）の左側の文字を消します。また、選択した文字列を削除します。

❻ Delete（デリート）キー

⎮（カーソル）の右側の文字を消します。また、選択した文字列を削除します。

❼ Shift（シフト）キー

英字の大文字やキーの左上に書かれた記号を入力するときに、このキーと文字キーを同時に押します。

❽ Ctrl（コントロール）キー

ほかのキーと組み合わせて使います。

❾ スペースキー

ひらがなを漢字やカタカナに変換します。空白を入力するときにも使います。

❿ ウィンドウズキー

スタートメニューを表示します。

⓫ Enter（エンター）キー

変換した文字の入力を完了します。改行するときにも使います。

⓬ 方向キー

⎮（カーソル）の位置を上下左右に移動します。矢印キーともいいます。

⓭ テンキー

数字を入力します。ノートパソコンでは、テンキーがない場合も多くあります。

第1章

エクセルの基本を覚えよう

エクセル（Excel）は、表を作成したり、計算をしたり、グラフ作成などを行う表計算ソフトです。この章では、エクセルを開く方法や閉じる方法、セルや行・列を選択する方法、表を保存する方法など、エクセルを使ううえで基本となる操作を覚えましょう。

この章でできるようになること

エクセルを開いたり閉じたりできます！ ▶18〜25、34ページ

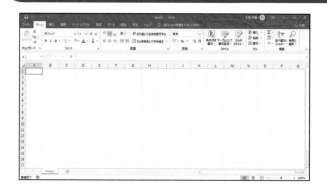

エクセルを開く
方法や閉じる方法
を覚えましょう。
エクセルの画面の
しくみについても
解説します

セルを自由に操作できます！ ▶26〜31ページ

セルとアクティブセルについて理解しましょう。
セルや行、列を選択する方法も解説します

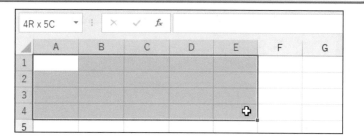

表を保存したり開いたりできます！ ▶32、36ページ

作成した表に名前を付けて
保存すると、いつでも呼び出して
利用できます。
保存した表を
開く方法も覚えます

Section 01 エクセルを開こう

はじめに、エクセルを開いてみましょう。エクセルの画面を開いて使えるようにすることを「エクセルを起動する」ともいいます。

●操作に迷ったときは…… 左クリック **11** ページ

Windows 10でエクセルを開こう

1 Windows 10を起動します

2 スタート ⊞ を左クリックします

3 スタートメニューが表示されました

4 ここを下へドラッグします

タスクバーにエクセルのアイコンを登録しておくこともできます。38ページを参照してください

6 エクセルが
開きました

7 空白のブック を
左クリックします

8 新しいブックが
作成されました

表示されるウィンドウの大きさは、
パソコンによって異なります

おわり

Section 02 エクセルの画面を知ろう

エクセルを開くと、表を作成するための画面が自動的に表示されます。ここでは、エクセルの画面のしくみを覚えましょう。

●操作に迷ったときは…… 左クリック **11** ページ ドラッグ **12** ページ

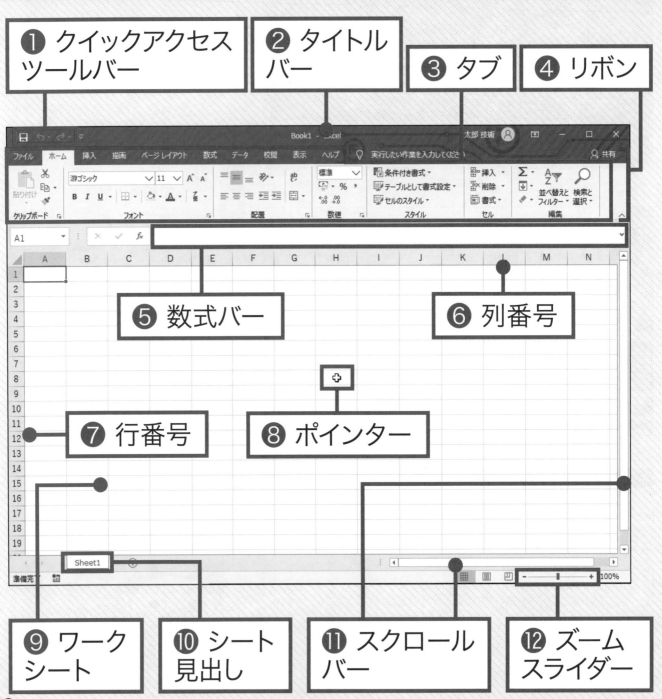

❶ クイックアクセスツールバー

❷ タイトルバー

❸ タブ

❹ リボン

❺ 数式バー

❻ 列番号

❼ 行番号

❽ ポインター

❾ ワークシート

❿ シート見出し

⓫ スクロールバー

⓬ ズームスライダー

❶ クイックアクセスツールバー

よく使うコマンド（上書き保存、元に戻す、やり直し）が表示されています。

❷ タイトルバー

開いているファイルの名前が表示されます。

❸ タブ

名前の部分を左クリックして、表示を切り替えます。

❹ リボン

タブの集合体です。

❺ 数式バー

選択しているセルに入力された値や数式が表示されます。

❻ 列番号

列の位置を示す英字です。

❼ 行番号

行の位置を示す数字です。

❽ ポインター

マウスの動きや位置を示します。操作の状況によって形が変わります。

❾ ワークシート

エクセルの作業領域です。シートともいいます。標準では1枚のワークシートが表示されます。

❿ シート見出し

ファイルに含まれるワークシートの名前です。

⓫ スクロールバー

画面に収まりきらない部分がある場合に、バーを上下左右にドラッグして、隠れている部分を表示します。

⓬ ズームスライダー

▮を左右にドラッグするか、➖や➕を左クリックして、表示倍率を変更します。

おわり

Section 03 リボンの操作方法を覚えよう

エクセルの操作のほとんどは、画面上部のリボンを利用します。目的に応じてタブを切り替え、コマンドで操作を行います。リボンの操作を確認しましょう。

● 操作に迷ったときは…… 左クリック **11** ページ

タブを切り替えよう

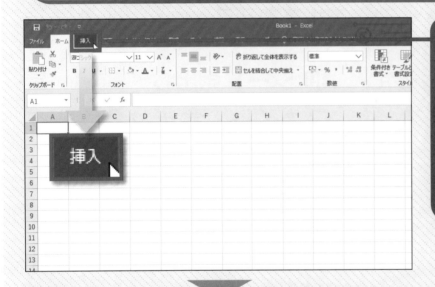

1 タブの名前の部分を左クリックします

! ここでは、挿入 を左クリックしています

2 タブが切り替わりました

作業の内容によっては、使用できるタブが増えることがあります。140ページを参照してください

まとめられたコマンドを表示しよう

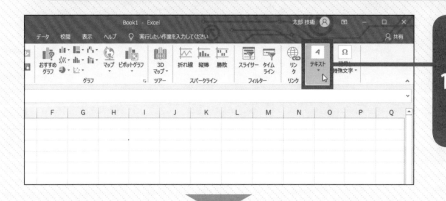

1 まとめられた
コマンドを
左クリックします

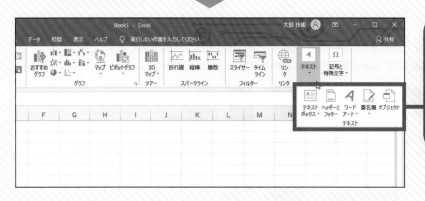

2 隠れていた
コマンドが
表示されます

おわり

解説 **コマンドの表示は画面サイズによって違う**

使用しているパソコンの表示領域が狭い場合は、上
図のようにコマンドが1つのアイコンにまとめられて
います。まとめられたコマンドを左クリックすると、
隠れているコマンドが表示されます。
表示領域が広い場合は、下図のように表示されます。

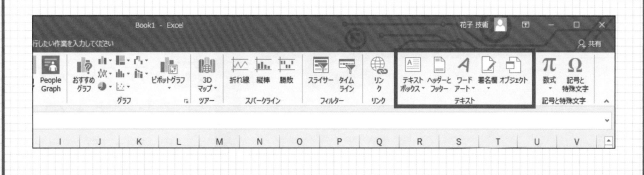

Section 04 ウィンドウの大きさを変えよう

ウィンドウは、大きさを自由に変えることができます。自分が作業しやすい大きさに変えましょう。ウィンドウを移動することもできます。

●操作に迷ったときは……　左クリック **11** ページ　ドラッグ **12** ページ

ウィンドウをデスクトップいっぱいに広げよう

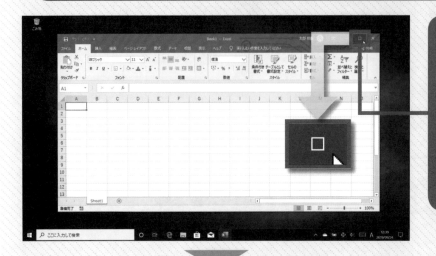

最大化
□ を
左クリックします

1

！ ウィンドウの大きさはパソコンによって異なります

ウィンドウが
デスクトップ
いっぱいに
広がりました

2

元に戻す
回 を左クリック
すると、もとの
大きさに戻ります

3

ウィンドウを小さくしよう

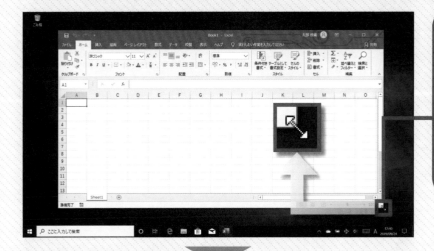

1 ウィンドウの角に
ポインター
 を移動すると、
形が に
変わります

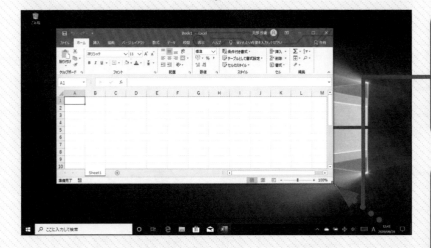

2 そのまま目的の
大きさになるまで
ドラッグします

3 ウィンドウの
大きさが
変わります

逆方向にドラッグすると、
ウィンドウは大きくなります

おわり

Column **ウィンドウを移動する**

ウィンドウの上部 (タイトルバー) をドラッグすると、
ウィンドウを自由に移動させることができます。

Section 05 セルを正しく理解しよう

「セル」とは、ワークシート上の1つ1つのマス目のことです。セルに文字や数字などのデータを入力します。

● 操作に迷ったときは…… （左クリック **11** ページ）（キー **14** ページ）

セルについて知ろう

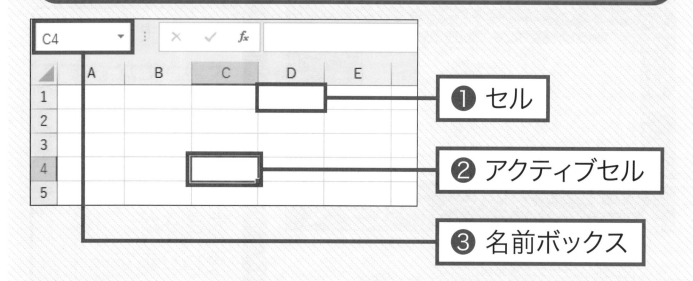

❶ セル
❷ アクティブセル
❸ 名前ボックス

❶ **セル**
ワークシート上の1つ1つのマス目のことを「セル」といいます。

❷ **アクティブセル**
現在選択されているセルを「アクティブセル」といいます。データの入力や編集は、アクティブセルに対して行わ れます。アクティブセルはグリーンの太線で囲まれます。

❸ **名前ボックス**
名前ボックスには、アクティブセルの位置（列番号と行番号で示されるセルの位置）が表示されます。ここで表示されている「C4」は、C列の4行目を指します。

セルを選択しよう

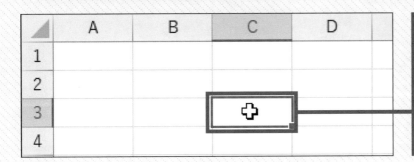

ポインター
✛ を移動して左クリックすると、セルを選択できます

アクティブセルの移動のしかた

左のセルに移動するには、← キーを押します

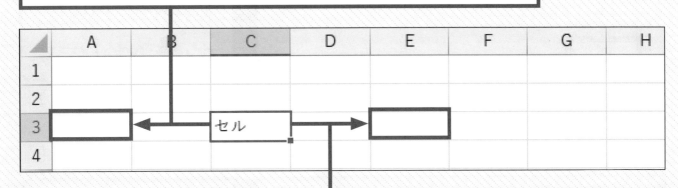

右のセルに移動するには、Tab タブ キーか、→ キーを押します

上のセルに移動するには、↑ キーを押します

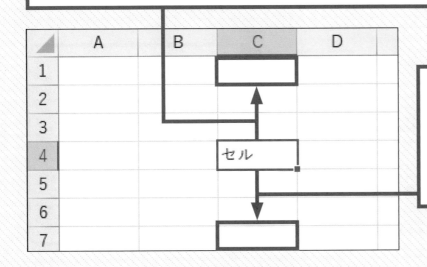

下のセルに移動するには、Enter エンター キーか、↓ キーを押します

おわり

Section 06 セル、行、列を選択しよう

セルに文字や数値を入力したり、編集したりするには、セルを選択する必要
があります。セルや行、列の選択方法を覚えましょう。

●操作に迷ったときは……　左クリック **11** ページ　ドラッグ **12** ページ　キー **14** ページ

複数のセルを選択しよう

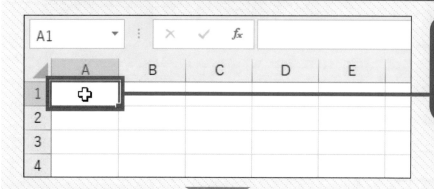

1 左上のセルに
ポインター
✛ を移動します

2 選択したい
範囲の右下まで
ドラッグします

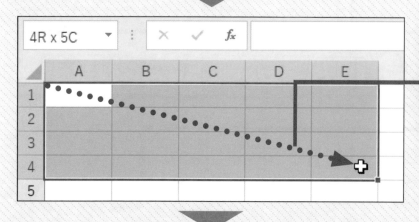

3 ドラッグした
範囲内のセルが
選択されました

! 選択されたセルはグ
レーで表示されます

離れた位置にあるセルを同時に選択しよう

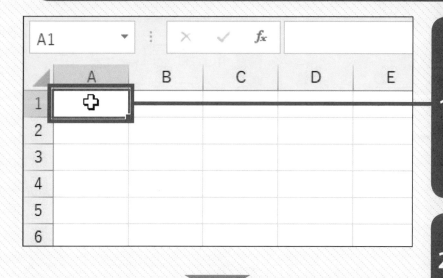

1 最初に選択する
セルに ^{ポインター}✛ を
移動して、
左クリックします

2 1つ目のセルが
選択されます

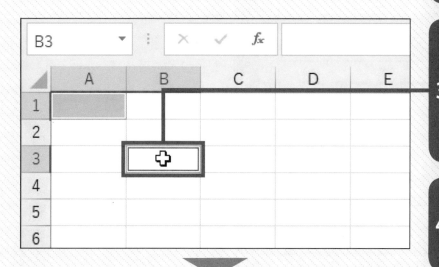

3 ^{コントロール}[Ctrl]キーを押し
ながら別のセルを
左クリックします

4 2つ目のセルが
選択されます

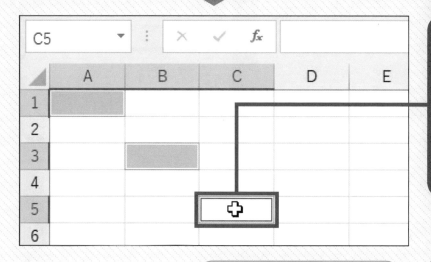

5 同様に、^{コントロール}[Ctrl]キー
を押しながら
別のセルを
左クリックします

この方法で、必要な数だけ
セルを選択できます

次へ

行を選択しよう

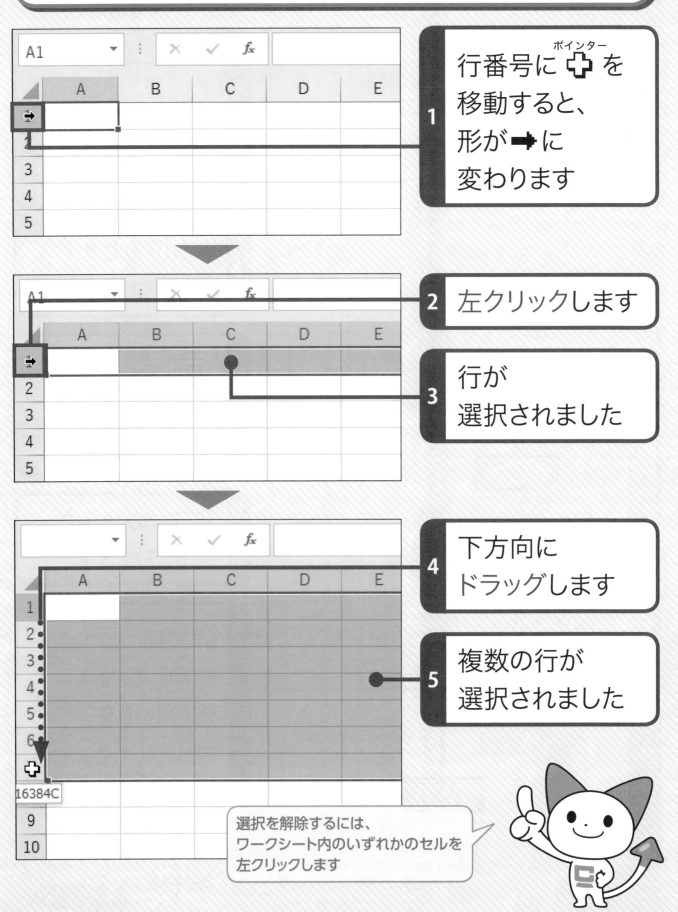

1　行番号に ポインター を移動すると、形が ➡ に変わります

2　左クリックします

3　行が選択されました

4　下方向にドラッグします

5　複数の行が選択されました

16384C

選択を解除するには、ワークシート内のいずれかのセルを左クリックします

列を選択しよう

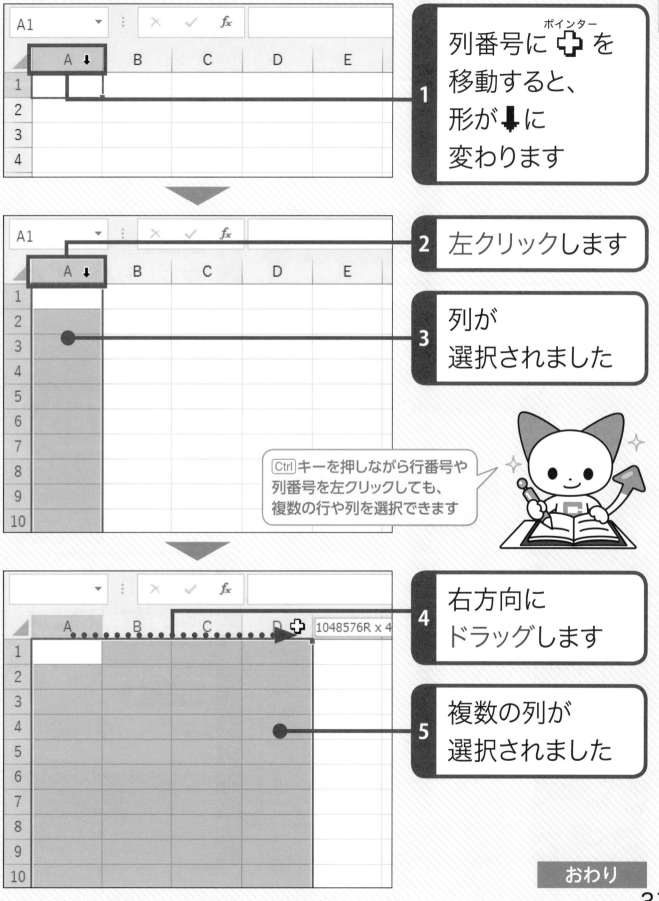

1 列番号に ✚ を移動すると、形が ↓ に変わります

2 左クリックします

3 列が選択されました

Ctrl キーを押しながら行番号や列番号を左クリックしても、複数の行や列を選択できます

4 右方向にドラッグします

5 複数の列が選択されました

おわり

Section 07 表を保存しよう

作成した表をいつでも呼び出せるように、名前を付けてファイルとして保存します。保存した場所を覚えておきましょう。

● 操作に迷ったときは…… 左クリック **11** ページ 　入力 **42** ページ

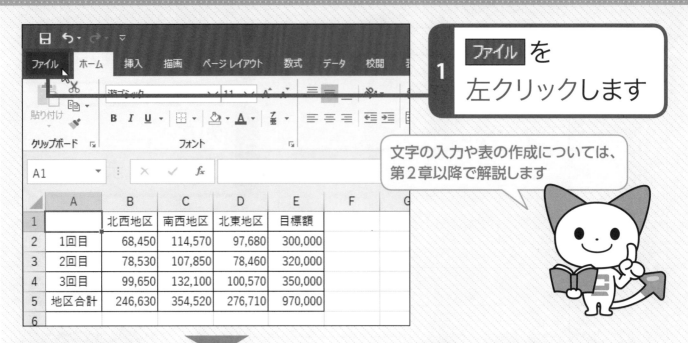

1 **ファイル** を
左クリックします

文字の入力や表の作成については、
第2章以降で解説します

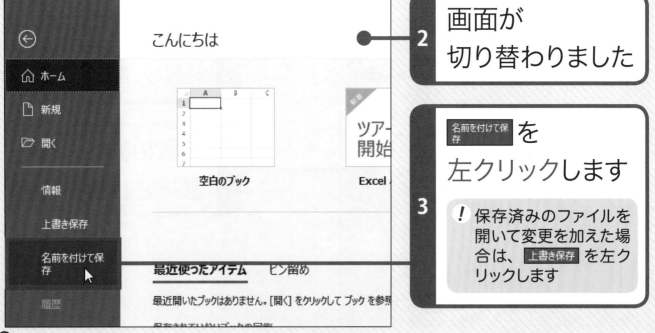

2 画面が
切り替わりました

名前を付けて保存 を
左クリックします

3 ! 保存済みのファイルを
開いて変更を加えた場
合は、**上書き保存** を左ク
リックします

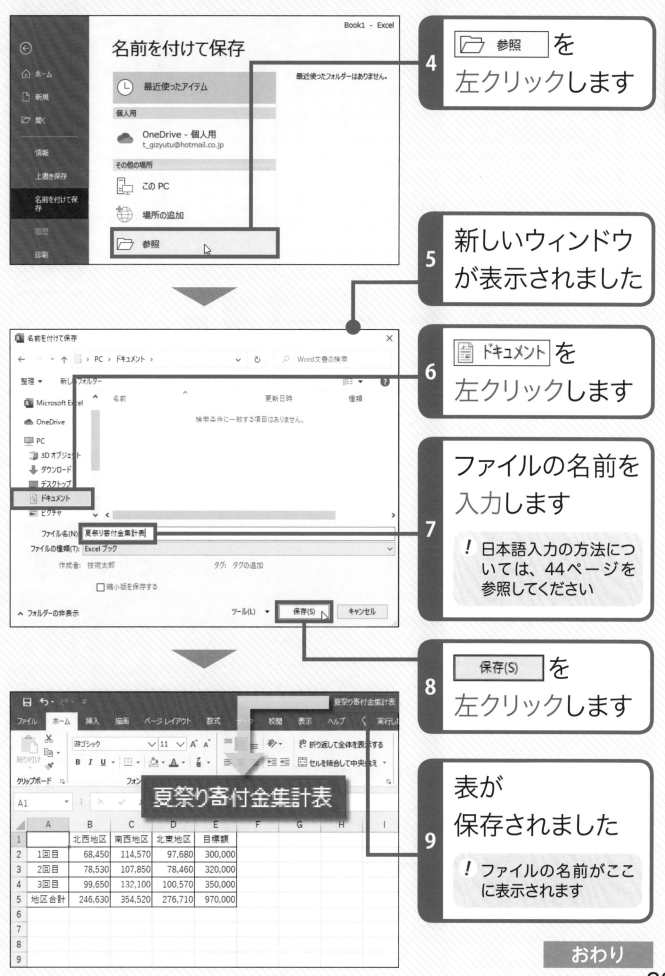

4 □ 参照 □ を
左クリックします

5 新しいウィンドウ
が表示されました

6 📋 ドキュメント を
左クリックします

7 ファイルの名前を
入力します

> ! 日本語入力の方法については、44ページを参照してください

8 保存(S) を
左クリックします

9 表が
保存されました

> ! ファイルの名前がここに表示されます

おわり

33

Section 08 エクセルを閉じよう

作業が終わったら、エクセルを閉じます。確認のウィンドウが表示されたら、作業中の内容を保存するかどうかを選んでから閉じましょう。

●操作に迷ったときは…… 左クリック 11 ページ

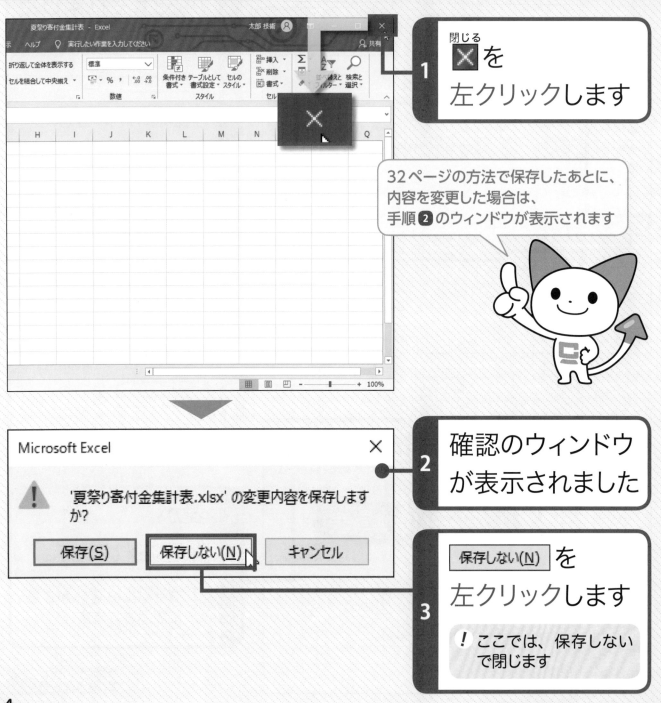

1 閉じる ✕ を 左クリックします

32ページの方法で保存したあとに、内容を変更した場合は、手順❷のウィンドウが表示されます

2 確認のウィンドウ が表示されました

Microsoft Excel ✕

⚠ '夏祭り寄付金集計表.xlsx' の変更内容を保存しますか?

保存(S)   保存しない(N)   キャンセル

3 保存しない(N) を 左クリックします

! ここでは、保存しない で閉じます

4 エクセルが
閉じました

エクセルを複数開いている場合は、
現在作業中のエクセルだけが
閉じます

おわり

 Column 作業を続けたいときは

下のウィンドウは、作業していた内容を保存し忘れて
消してしまわないように表示されるものです。閉じる
のを中止して作業を続けたいときは、 キャンセル を左
クリックします。

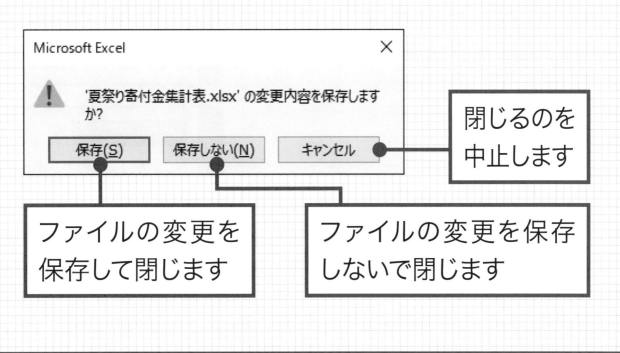

閉じるのを
中止します

ファイルの変更を
保存して閉じます

ファイルの変更を保存
しないで閉じます

Section 09 保存した表を開こう

エクセルを開いて、32ページで保存した表を呼び出してみましょう。ファイルを画面に呼び出すことを「ファイルを開く」といいます。

●操作に迷ったときは…… 左クリック **11** ページ

1 18ページの方法 でエクセルを 開きます

2 ファイル を 左クリックします

3 画面が 切り替わりました

4 開く を 左クリックします

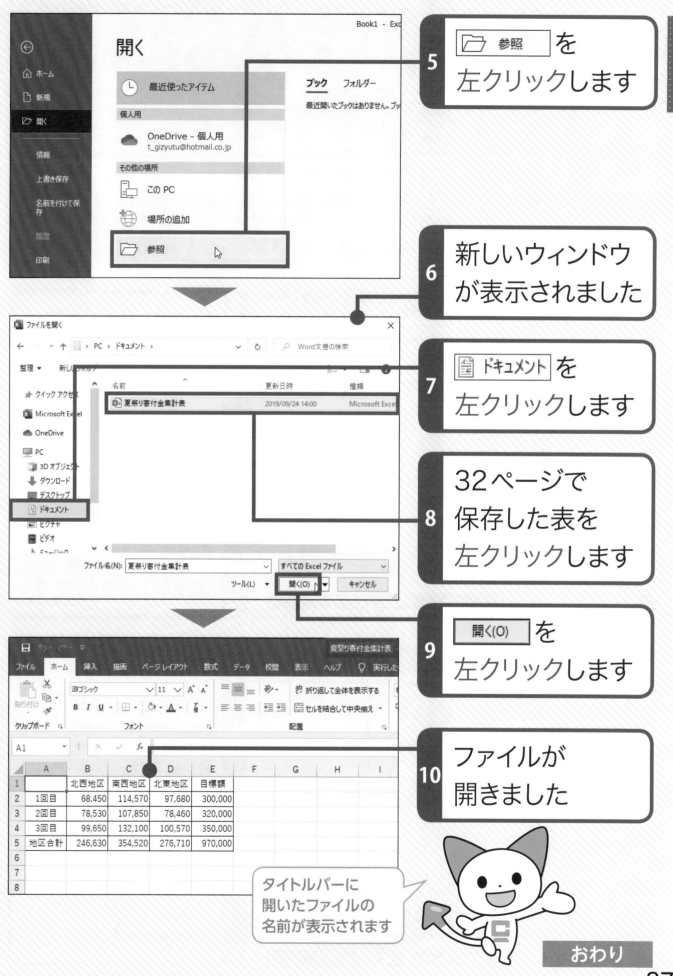

Book1 - Exc

開く

最近使ったアイテム

個人用

OneDrive - 個人用
t_gizyutu@hotmail.co.jp

その他の場所

この PC

場所の追加

参照

ブック　フォルダー

最近開いたブックはありません。ブッ

5 📁 参照 を
左クリックします

6 新しいウィンドウ
が表示されました

7 📄 ドキュメント を
左クリックします

8 32ページで
保存した表を
左クリックします

9 開く(O) を
左クリックします

10 ファイルが
開きました

タイトルバーに
開いたファイルの
名前が表示されます

おわり

37

Section 10 エクセルをかんたんに開けるようにしよう

通常は18ページの方法でエクセルを起動しますが、タスクバーにエクセルのアイコンを登録しておくと、もっとかんたんに起動できるようになります。

● 操作に迷ったときは…… 右クリック **11** ページ　左クリック **11** ページ

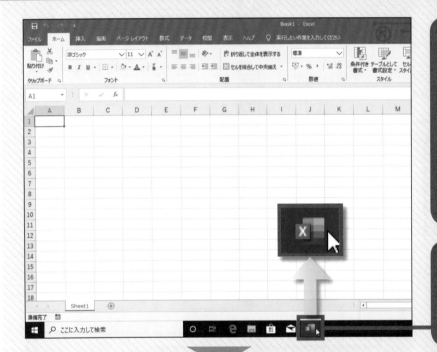

1 エクセルを起動すると、画面下のタスクバーにエクセルのアイコンが表示されます

エクセル
2 X を右クリックします

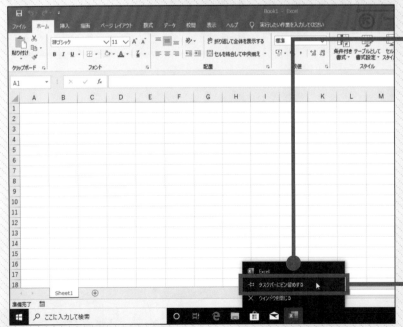

3 メニューが表示されました

4 ┌-◻ タスクバーにピン留めする を左クリックします

! タスクバーに登録することを「ピン留めする」といいます

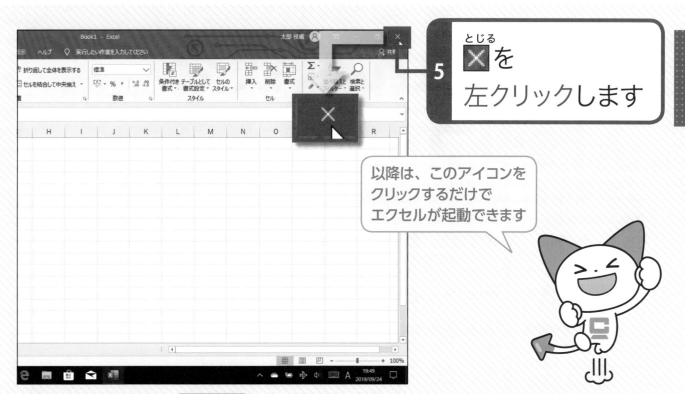

5 とじる
✕を
左クリックします

以降は、このアイコンを
クリックするだけで
エクセルが起動できます

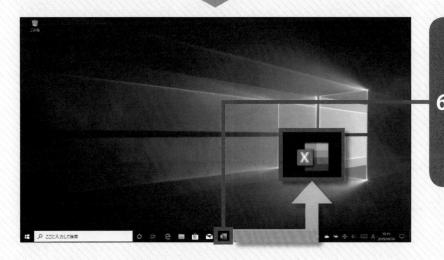

6 タスクバーに
エクセルの
アイコンが
登録されました

おわり

Column タスクバーからアイコンを外すには

タスクバーに登録したアイコ
ンを外すには、**X**を右クリッ
クして ⚓ **タスクバーからピン留めを外す** を
左クリックします。

第2章 かんたんな表を作ろう

この章では、表を作るための基本を解説します。日本語入力のしくみを確認して、日本語、英数字、日付の入力方法を覚えます。また、文字の修正や連続データの入力、コピーや移動、行や列の挿入・削除など、表作成には欠かせない便利な操作方法も覚えましょう。

この章でできるようになること

文字の入力や修正ができます！　▶42〜65ページ

いろいろな文字の入力方法、
入力したデータの修正方法などを解説します

	A	B	C	D	E	F	G	H
1								
2	個人用住所録				作成日			
3					2020/3/15			
4	番号	氏名	郵便番号	住所	メールアドレス			
5	1	上野直樹	152-0022	東京都目黒	ueno@example.com			
6	2	月島麻美	114-0011	東京都北区	tukisima@example.com			
7		本郷誠	299-5235	千葉県勝浦	mak-hon@example.com			

行や列の挿入や削除ができます！　▶66、72ページ

新しい行や列の挿入や、不要な行や列の削除も、
エクセルならかんたんです！

	A	B	C	D	E	F	G	H	I
1									
2	個人用住所録					作成日			
3						2020/3/15			
4	番号	氏名		郵便番号	住所	メールアドレス			
5	1	上野直樹		152-0022	東京都目黒	ueno@example.com			
6	2	月島麻美		114-0011	東京都北区	tukisima@example.com			
7	3	本郷誠		299-5235	千葉県勝浦	mak-hon@example.com			

データのコピーや移動ができます！　▶68〜71ページ

効率よく表を作成するためには、
データのコピーや移動が欠かせません

	A	B	C	D	E	F	G	H
1								
2	個人用住所録				作成日			
3					2020/3/15			
4								
5	番号	氏名	関係	郵便番号	住所	メールアドレス		
6	1	上野直樹	友人	152-0022	東京都目黒	ueno@example.com		
7	2	月島麻美		114-0011	東京都北区	tukisima@example.com		
8	3	本郷誠		299-5235	千葉県勝浦	mak-hon@example.com		
9	4	河村陽子	友人	253-0024	神奈川県茅	kawamura@example.com		
10	5	杜田健一		(Ctrl)	東京都文京	morita@example.com		

Section 11 日本語入力のしくみを知ろう

文字の入力には「日本語入力システム」が欠かせません。日本語入力モードと半角英数入力モードの切り替え方法を覚えましょう。

● 操作に迷ったときは…… キー 14 ページ

日本語入力システムについて知ろう

文字の入力は、日本語入力システムを使って行います。日本語入力システムには、英数字入力と日本語入力の「入力モード」を切り替えるための機能などが備わっています。どちらの入力モードになっているかは、画面右下の通知領域にある入力モードアイコンから確認できます。

入力モードアイコンは、画面右下の通知領域に格納されています

入力モードを確認するアイコン

入力モードを知ろう

入力モードには、日本語を入力する「日本語入力モード」と、英数字を入力する「半角英数入力モード」があります。キーボードの半角/全角キーを押すと、入力モードが切り替わり、入力モードアイコンの表示が変わります。

●日本語入力モードへの切り替え

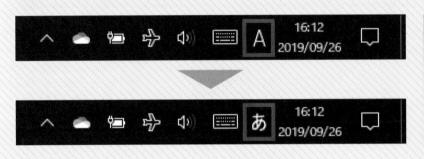

キーボードの半角/全角キーを押すと、A があに変わります

あいうえお

日本語が入力できるようになります

●半角英数入力モードへの切り替え

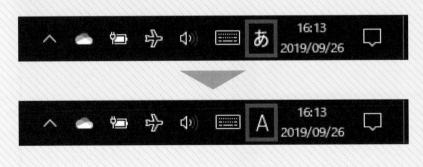

キーボードの半角/全角キーを押すと、あが A に変わります

aiueo123

英数字が入力できるようになります

おわり

Section 12 日本語を入力しよう

セルに日本語を入力するには、入力モードを日本語入力モードに切り替える必要があります。ここでは、漢字で「住所録」と入力しましょう。

● 操作に迷ったときは…… 左クリック **11** ページ キー **14** ページ 入力 **42** ページ

「住所録」と入力しよう

ここからは、住所録を作りながら表作成の基本を覚えていきましょう

1 キーボードの 半角/全角 キーを押して、入力モードを **あ** に切り替えます

2 文字を入力するセル（ここではセル「A2」）を左クリックします

3 セルが選択されました

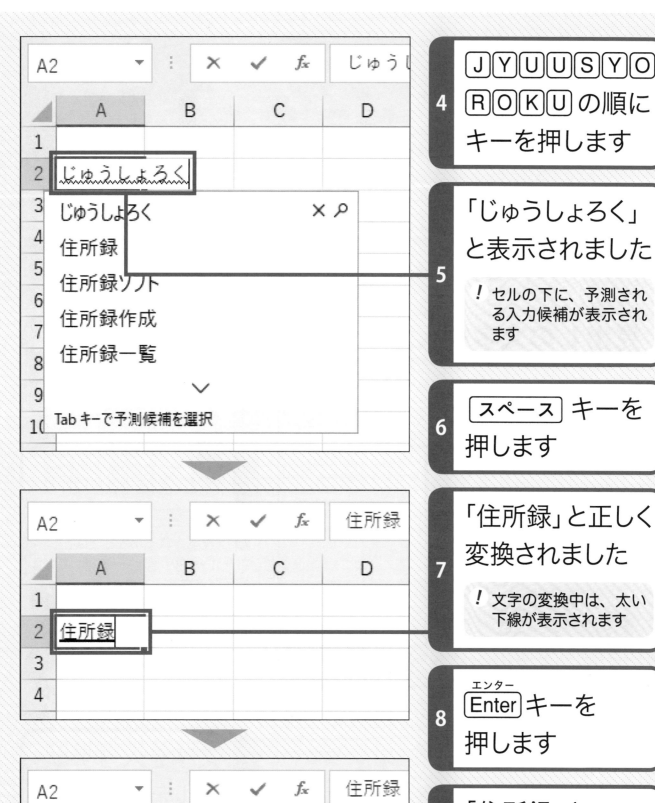

4 J Y U U S Y O R O K U の順にキーを押します

5 「じゅうしょろく」と表示されました

! セルの下に、予測される入力候補が表示されます

6 スペース キーを押します

7 「住所録」と正しく変換されました

! 文字の変換中は、太い下線が表示されます

8 エンター Enter キーを押します

9 「住所録」と入力されました

! 入力が完了すると、文字の下線が消えます

おわり

Section 13 住所録のデータを入力しよう

表のタイトルを入力したら、次は住所録のデータを入力しましょう。ここでは、見出しの文字と名前、住所などを入力します。

● 操作に迷ったときは…… 左クリック **11** ページ キー **14** ページ 入力 **42** ページ

見出しの文字を入力しよう

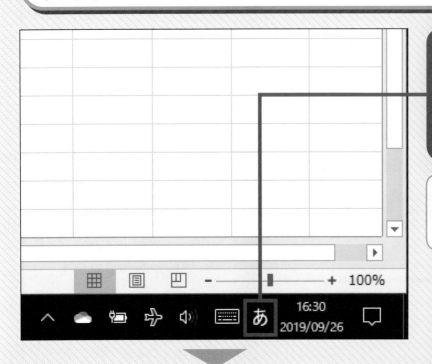

1 入力モードが **あ** になっていることを確認します

A が表示されているときは、キーボードの 半角/全角 キーを押して、切り替えます

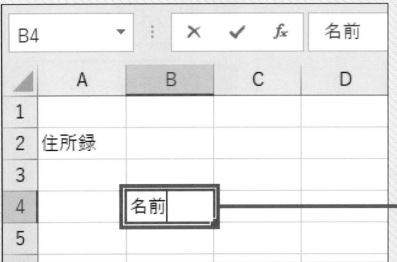

2 文字を入力するセルを左クリックして、「名前」と入力します

! 一度で変換できない場合は、49ページを参照してください

46

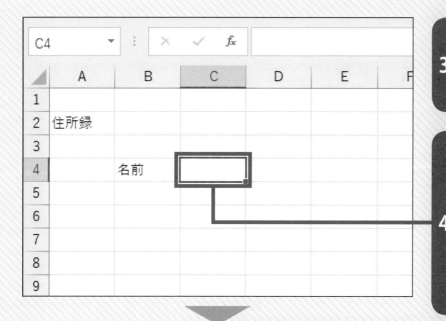

3 →キーを
押します

4 アクティブセルが
右に移動します

！ Tabキーを押しても、
アクティブセルが右に
移動します

5 →キーを押して
移動しながら、
「郵便番号」
「住所」
「メールアドレス」
と入力します

！ カタカナは、漢字と同
様にスペースキーを
押して変換します

6 ここを
左クリックして、
「作成日」と
入力します

セルから文字がはみ出ますが、
あとで調整するので、
今はそのままでかまいません

次へ

名前と住所を入力しよう

B6	▼	⋮ × ✓ *fx*			
	A	B	C	D	E	F
1						
2	住所録				作成日	
3						
4		名前	郵便番号	住所	メールアドレス	
5		上野直樹				
6		●				
7						
8						
9						

1 名前を入力する
セルを左クリック
して、1人目の
名前を入力します

2 エンター
[Enter]キーを
押して、
アクティブセルを
下に移動します

B10	▼	⋮ × ✓ *fx*	渋谷智子		
	A	B	C	D	E	F
1						
2	住所録				作成日	
3						
4		名前	郵便番号	住所	メールアドレス	
5		上野直樹				
6		月島麻美				
7		本郷誠				
8		河村陽子				
9		杜田健一				
10		渋谷智子				
11						

3 エンター
[Enter]キーを
押しながら、
残りの名前を
入力します

> ! 一度で目的の漢字に変
> 換できない場合は、次
> のページを参照してく
> ださい

D10	▼	⋮ × ✓ *fx*	埼玉県さいたま市緑区北原１２		
	A	B	C	D	E	F
1						
2	住所録				作成日	
3						
4		名前	郵便番号	住所	メールアドレス	
5		上野直樹		東京都目黒区柿の木坂１－２		
6		月島麻美		東京都北区昭和町１－２－３		
7		本郷誠		千葉県勝浦市出水１２３		
8		河村陽子		神奈川県茅ケ崎市平和町１－１		
9		杜田健一		東京都文京区白山３－２－１		
10		渋谷智子		埼玉県さいたま市緑区北原１２		
11						

4 同様の方法で
住所を
入力します

おわり

目的の漢字に変換できないときは

一回で目的の漢字に変換できないときは、変換候補の一覧を表示して選択します。

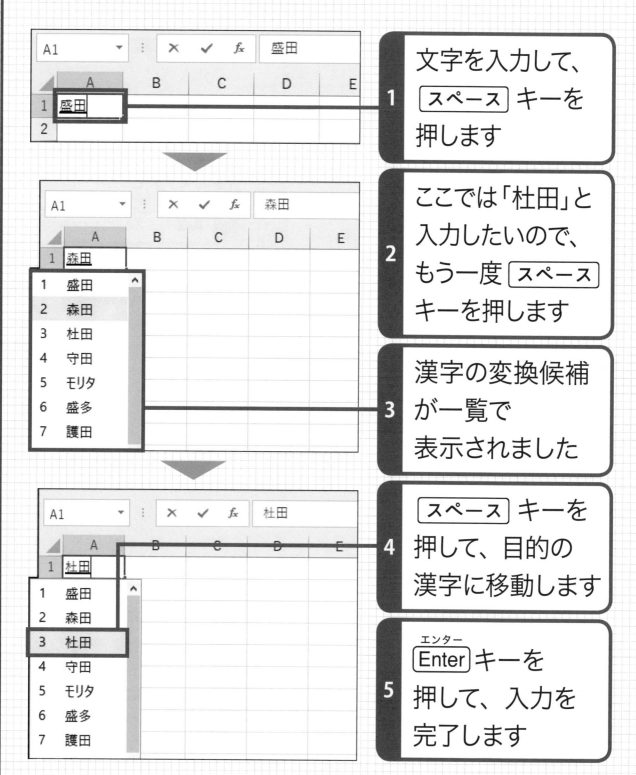

1 文字を入力して、[スペース]キーを押します

2 ここでは「杜田」と入力したいので、もう一度[スペース]キーを押します

3 漢字の変換候補が一覧で表示されました

4 [スペース]キーを押して、目的の漢字に移動します

5 [Enter]キーを押して、入力を完了します

49

Section 14 郵便番号を入力しよう

郵便番号を半角で入力しましょう。半角数字を入力するときは、入力モードが半角英数入力モードになっていることを確認します。

●操作に迷ったときは…… 左クリック **11** ページ キー **14** ページ 入力 **42** ページ

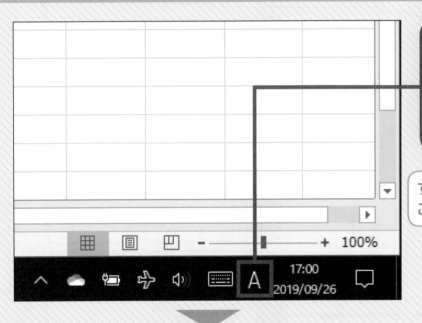

1 半角/全角 キーを押して、入力モードを **A** に切り替えます

すでに **A** が表示されているときは、この操作は必要ありません

2 郵便番号を入力するセルに ポインター を移動して、左クリックします

	A	B	C	D
1				
2	住所録			作
3				
4		名前	郵便番号	住所 メ
5		上野直樹	152-0022	東京都目黒区
6		月島麻美		東京都北区昭
7		本郷誠		千葉県勝浦市
8		河村陽子		神奈川県茅ヶ

3 1 5 2 – 0 0 2 2 の順に
キーを押します

! 「-」を入力するには [ー ほ] キーを押します

	A	B	C	D
1				
2	住所録			作
3				
4		名前	郵便番号	住所 メ
5		上野直樹	152-0022	東京都目黒区
6		月島麻美		東京都北区昭
7		本郷誠		千葉県勝浦市
8		河村陽子		神奈川県茅ヶ

4 郵便番号が
入力できました

! 文字入力が完了していないときは、セル内に |I| が点滅しています

5 Enter キーを
押します

6 入力が完了し、
アクティブセルが
下に移動しました

! 1回で移動しなかった場合は、入力モードを確認しましょう

	A	B	C	D
1				
2	住所録			作
3				
4		名前	郵便番号	住所 メ
5		上野直樹	152-0022	東京都目黒区
6		月島麻美	225-0011	東京都北区昭
7		本郷誠	299-5235	千葉県勝浦市
8		河村陽子	253-0024	神奈川県茅ヶ
9		杜田健一	112-0001	東京都文京区
10		渋谷智子	336-0966	埼玉県さいた
11				

7 残りの郵便番号
を入力します

おわり

51

Section 15 メールアドレスを入力しよう

メールアドレスを入力しましょう。メールアドレスを入力すると、文字に下線が引かれ、青字になります。この設定を解除する方法も紹介します。

●操作に迷ったときは…… 左クリック **11** ページ　キー **14** ページ　入力 **42** ページ

メールアドレスを入力しよう

1 入力モードが **A** になっていることを確認します

あ が表示されているときは、キーボードの [半角/全角] キーを押して切り替えます

2 メールアドレスを入力するセルにポインター **✚** を移動し、左クリックします

! 住所が重なって表示されていますが、かまわずセル「E5」を左クリックしてください

	C	D	E	F	G
			作成日		
	郵便番号	住所	メールアドレス		
	152-0022	東京都目黒区柿の木坂1－2			
	225-0011	東京都北区昭和町1－2－3			
	299-5235	千葉県勝浦市出水123			

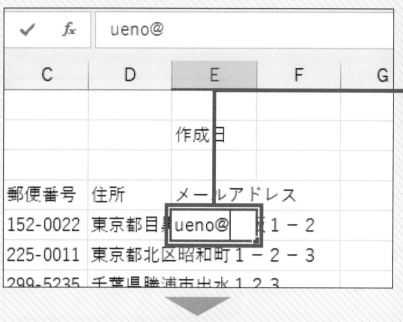

3 「ueno」と「@」を入力します

! 「@」を入力するには ◯ キーを押します

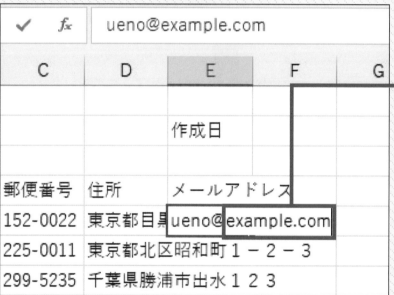

4 続けて「example.com」と入力します

! 「.」を入力するには ◯ キーを押します

5 エンター Enter キーを押します

ここでは、仮のメールアドレスを入力しています

6 自動的に下線が引かれ、青字になりました

次へ

下線と文字色を解除しよう

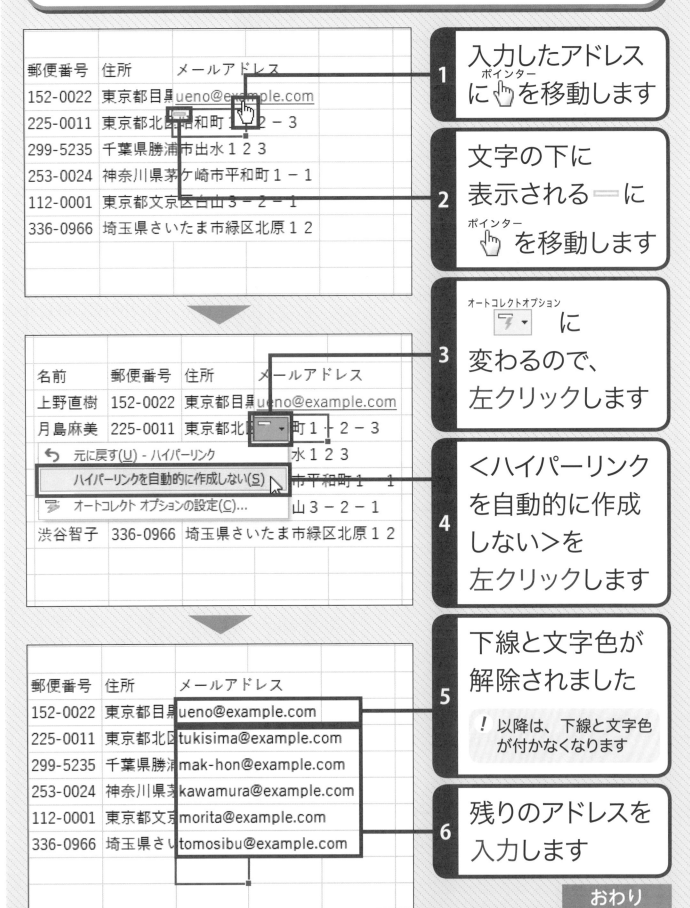

郵便番号	住所	メールアドレス	
152-0022	東京都目黒	ueno@example.com	
225-0011	東京都北部和町１２－３		
299-5235	千葉県勝浦市出水１２３		
253-0024	神奈川県茅ケ崎市平和町１－１		
112-0001	東京都文京区白山３－２－１		
336-0966	埼玉県さいたま市緑区北原１２		

1 入力したアドレスに👆(ポインター)を移動します

2 文字の下に表示される ー に👆(ポインター)を移動します

名前	郵便番号	住所	メールアドレス
上野直樹	152-0022	東京都目黒	ueno@example.com
月島麻美	225-0011	東京都北	町１－２－３

5　元に戻す(U) - ハイパーリンク　　水１２３
ハイパーリンクを自動的に作成しない(S)　市平和町１－１
夢　オートコレクト オプションの設定(C)...　山３－２－１
渋谷智子　336-0966　埼玉県さいたま市緑区北原１２

3 オートコレクトオプション 🦋▼ に変わるので、左クリックします

4 <ハイパーリンクを自動的に作成しない>を左クリックします

郵便番号	住所	メールアドレス	
152-0022	東京都目黒	ueno@example.com	
225-0011	東京都北区	tukisima@example.com	
299-5235	千葉県勝浦	mak-hon@example.com	
253-0024	神奈川県茅	kawamura@example.com	
112-0001	東京都文京	morita@example.com	
336-0966	埼玉県さい	tomosibu@example.com	

5 下線と文字色が解除されました

! 以降は、下線と文字色が付かなくなります

6 残りのアドレスを入力します

おわり

54

入力した文字が隠れてしまう!

セル幅より長い文字列が入力されている場合、隣の
セルに文字を入力すると、左ページの図のように入
力済みの文字が隠れてしまいます。この場合は、セ
ル幅を広げると、隠れている文字が表示されます。
セル幅を調整する方法については、76ページを参照
してください。

 セルからはみ出した文字をセル内に収める

セル幅よりも長い文字列をセル内で折り返して表示
することができます。文字列が収まっていないセルを
左クリックし
て、ホームタブ
の<折り返し
て全体を表示
する>を左ク
リックします。

Section 16 日付を入力しよう

エクセルで日付を入力する場合は、「年、月、日」にあたる数字をスラッシュ (/) やハイフン (-) で区切って入力すると、自動的に日付表示になります。

● 操作に迷ったときは…… （左クリック **11** ページ）（キー **14** ページ）（入力 **42** ページ）

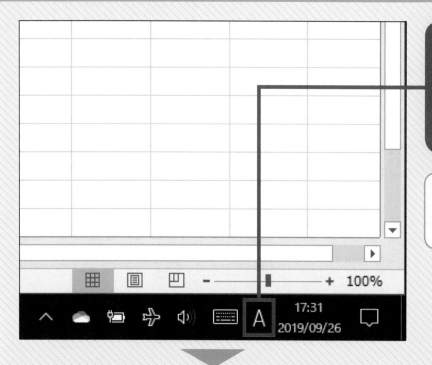

1 入力モードが **A** になっていることを確認します

あ が表示されているときは、キーボードの [半角/全角] キーを押して切り替えます

2 日付を入力するセル（ここではセル「E3」）に ポインター **＋** を移動して、左クリックします

C	D	E	F	G
		作成日		
		＋		
郵便番号	住所	メールアドレス		
152-0022	東京都目黒	ueno@example.com		
225-0011	東京都北区	tukisima@example.com		
299-5235	千葉県勝浦	mak-hon@example.com		
253-0024	神奈川県茅	kawamura@example.com		

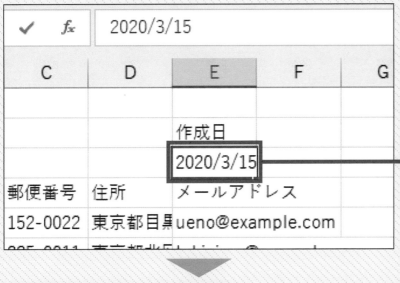

3 「2020/3/15」と、数字をスラッシュ (/) で区切って入力します

4 エンター [Enter] キーを押します

5 日付が表示されました

! セルの幅は自動的に調整されます

おわり

Column ○年○月○日と表示するには

「2020年3月15日」の形式で表示したいときは、日付を入力したセルを左クリックして、ホーム タブの 日付 ∨ の ∨ を左クリックし、長い日付形式 2020年3月15日 を左クリックします。

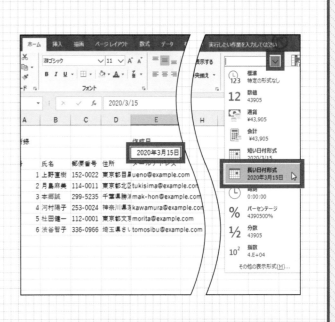

Section 17 入力したデータを修正しよう

セルに入力したデータを修正するとき、データ全体か、一部を修正するかによって、方法が少し異なります。ここでは、データ全体を修正します。

●操作に迷ったときは…… 左クリック **11** ページ　キー **14** ページ　入力 **42** ページ

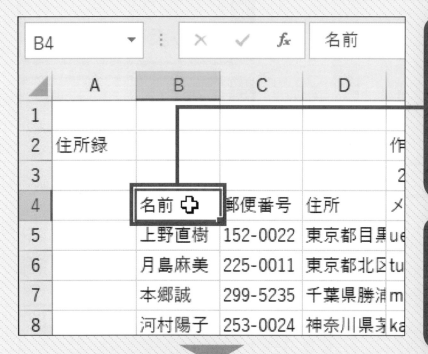

1 データを修正したいセルに ポインター ✚ を移動して、左クリックします

2 キーボードの デリート Delete キーを押します

3 データが削除されました

セル内のすべての文字を書き換える場合は、この方法で行います

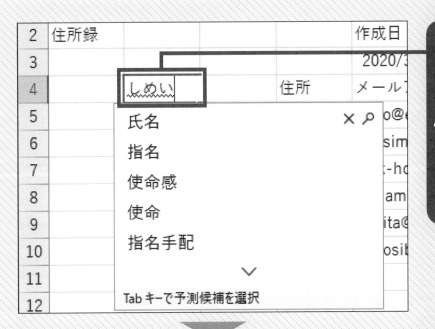

4 正しいデータを入力します

> ! セルの下に入力候補が表示されたときは、そこから選択することもできます

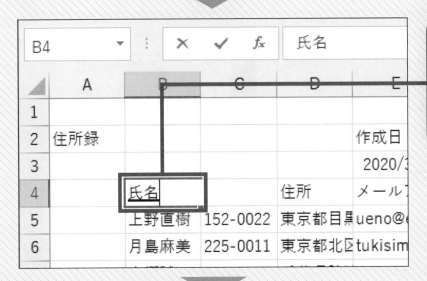

5 スペース キーを押して、漢字に変換します

6 Enter キーを押します

7 もう一度 Enter キーを押すと、文字の修正が完了します

おわり

59

Section 18 入力したデータの一部を修正しよう

セルに入力したデータの一部を修正するには、目的のセルをダブルクリックして、セル内にカーソルを表示してから修正を行います。

●操作に迷ったときは……　ダブルクリック **12** ページ　キー **14** ページ　入力 **42** ページ

文字を追加しよう

B5	▼	：	×	✓	fx	上野直樹

	A	B	C	D
1				
2	住所録 ✛			
3				
4		氏名	郵便番号	住所
5		上野直樹	152-0022	東京都目黒

1 データを修正したいセルに ポインター ✛ を移動して、ダブルクリックします

A2	▼	：	×	✓	fx	住所録

	A	B	C	D
1				
2	住所録|			
3				
4		氏名	郵便番号	住所
5		上野直樹	152-0022	東京都目黒
6		月島麻美	225-0011	東京都北[
7		本郷誠	299-5235	千葉県勝

2 セル内に カーソル |　が表示されました

ここでは、「住所録」の前に「個人用」と追加します

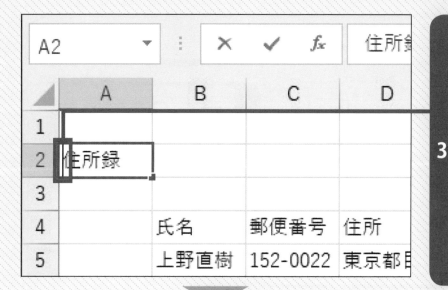

3 キーボードの
方向キーを
押して、
<ruby>カーソル</ruby>
□ を移動します

! ここでは、← キーを押
して、「住」の前に □
を移動します

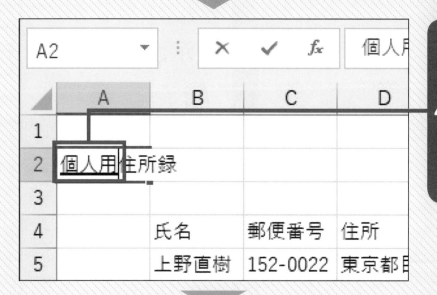

4 「個人用」と
入力します

! 入力・変換の方法につ
いては、44ページを
参照してください

5 <ruby>エンター</ruby>
Enter キーを
押します

6 もう一度 <ruby>エンター</ruby> Enter
キーを押すと、
文字の追加が
完了します

次へ

61

文字の一部を修正しよう

住所録			作成日	
			2020/3,	
氏名	郵便番号	住所	メールア	
上野直樹	152-0022	東京都目黒	ueno@e;	
月島麻美	225-0011	東京都北区	tukisima	
本郷誠	299-5235	千葉県勝浦	mak-hor	

1 データを修正したいセルをダブルクリックします

▼	:	×	✓	fx	225-0011

	B	C	D	E
住所録			作成日	
			2020/3,	
氏名	郵便番号	住所	メールア	
上野直樹	152-0022	東京都目黒	ueno@e;	
月島麻美	225-0011	東京都北区	tukisima	

2 セル内に ⌶ カーソル が表示されました

! ここでは、郵便番号を修正します

3 キーボードの方向キーを押して、⌶ カーソル を移動します

! ここでは、←キーを押して、「2」の前に ⌶ を移動します

▼	:	×	✓	fx	25-0011

	B	C	D	E
住所録			作成日	
			2020/3,	
氏名	郵便番号	住所	メールア	
上野直樹	152-0022	東京都目黒	ueno@e;	
月島麻美	25-0011	東京都北区	tukisima	

4 Delete デリート キーを押します

5 文字が1文字削除されました

	B	C	D	E
▼	:	✕ ✓	f_x	-0011

	B	C	D	E
住所録				作成日
				2020/3/
	氏名	郵便番号	住所	メールア
	上野直樹	152-0022	東京都目黒	ueno@e
	月島麻美	-0011	東京都北区	tukisima

6 削除したい数だけ
$\boxed{\text{Delete}}$キーを
押して、文字を
削除します

! ここでは、あと2回
$\boxed{\text{Delete}}$キーを押してい
ます

	B	C	D	E
▼	:	✕ ✓	f_x	114-0011

	B	C	D	E
住所録				作成日
				2020/3/
	氏名	郵便番号	住所	メールア
	上野直樹	152-0022	東京都目黒	ueno@e
	月島麻美	114-0011		tukisima

7 正しい郵便番号
を入力します

郵便番号は半角数字で
入力しましょう

8 $\boxed{\text{Enter}}$キーを
押します

	B	C	D	E
住所録				作成日
				2020/3/
	氏名	郵便番号	住所	メールア
	上野直樹	152-0022	東京都目黒	ueno@e
	月島麻美	114-0011	東京都北区	tukisima
	本郷誠	299-5235	千葉県勝浦	mak-hor

9 文字の修正が
完了し、
アクティブセルが
下に移動しました

おわり

63

Section 19 連続したデータを すばやく入力しよう

エクセルでは、「1」「2」「3」…や「月」「火」「水」…などの連続したデータを、フィルハンドルを使ってすばやく入力することができます。

●操作に迷ったときは…… ドラッグ **12** ページ 入力 **42** ページ

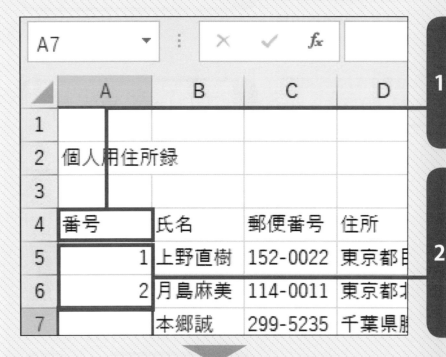

1 セル「A4」に「番号」と入力します

2 セル「A5」に「1」を入力し、セル「A6」に「2」を入力します

3 「1」と「2」が入力されたセルをドラッグして選択します

「1」だけを入力した状態で次のページの操作をすると、ほかのセルにも「1」だけが入力されてしまいます

	A	B	C	D	E
1					
2	個人用住所録				作成日
3					2020/3
4	番号	氏名	郵便番号	住所	メールア
5	1	上野直樹	152-0022	東京都目黒	ueno@e
6	2	月島麻美	114-0011	東京都北区	tukisima
7		誠	299-5235	千葉県勝浦	mak-ho
8		河村陽子	253-0024	神奈川県茅	kawamu

4 選択したセルの右下にあるグリーンの ■ に（フィルハンドル）♦ を移動すると、（ポインター）形が ✚ に変わります

	A	B	C	D	E
1					
2	個人用住所録				作成日
3					2020/3
4	番号	氏名	郵便番号	住所	メールア
5	1	上野直樹	152-0022	東京都目黒	ueno@e
6	2	月島麻美	114-0011	東京都北区	tukisima
7		誠	299-5235	千葉県勝浦	mak-ho
8		河村陽子	253-0024	神奈川県茅	kawamu
9		社田健一	112-0001	東京都文京	morita@
10	6	谷智子	336-0966	埼玉県さい	tomosib
11					

5 そのまま下方向にドラッグします

! 最後のセルに、入力されるデータが小さく表示されます

6 マウスのボタンを離します

7 連続データが入力できました

	A	B	C	D	E
1					
2	個人用住所録				作成日
3					2020/3
4	番号	氏名	郵便番号	住所	メールア
5	1	上野直樹	152-0022	東京都目黒	ueno@e
6	2	月島麻美	114-0011	東京都北区	tukisima
7	3	本郷誠			
8	4	河村陽子			
9	5	社田健一			
10	6	渋谷智子	336-0966	埼玉県さい	tomosib
11					

そのほかにも、月や曜日、十二支、和暦の年などを連続データとして入力できます

おわり

65

Section 20 列や行を挿入しよう

表を作成しているとき、追加で列や行が必要になる場合があります。この場合でも表を作り直す必要はありません。列や行はかんたんに挿入できます。

● 操作に迷ったときは…… 左クリック **11** ページ

	A4	▼	× ✓ fx	番号	
	A	B	↓ C	D	E
1					
2	個人用住所録				作成日
3					2020/3/15
4	番号	氏名	郵便番号	住所	メールアドレス
5	1	上野直樹	152-0022	東京都目黒	ueno@example.
6	2	月島麻美	114-0011	東京都北区	tukisima@exam
7	3	本郷誠	299-5235	千葉県勝浦	mak-hon@exam
8	4	河村陽子	253-0024	神奈川県茅	kawamura@exa

1 挿入する位置の右の列番号に ポインター ✚ を移動します

2 形が ポインター ↓ に変わったら、左クリックします

	C1	▼	× ✓ fx		
	A	B	↓ C	D	E
1					
2	個人用住所録				作成日
3					2020/3/15
4	番号	氏名	郵便番号	住所	メールアドレス
5	1	上野直樹	152-0022	東京都目黒	ueno@example.
6	2	月島麻美	114-0011	東京都北区	tukisima@exam
7	3	本郷誠	299-5235	千葉県勝浦	mak-hon@exam
8	4	河村陽子	253-0024	神奈川県茅	kawamura@exa
9	5	杜田健一	112-0001	東京都文京	morita@example
10	6	渋谷智子	336-0966	埼玉県さい	tomosibu@exam
11					
12					
13					

3 列が選択されました

行を挿入する場合は、挿入する位置の下側の行を選択します

4

ホーム の 挿入 を
左クリックします

! ほかのタブが表示され
ている場合は、ホーム を
左クリックします

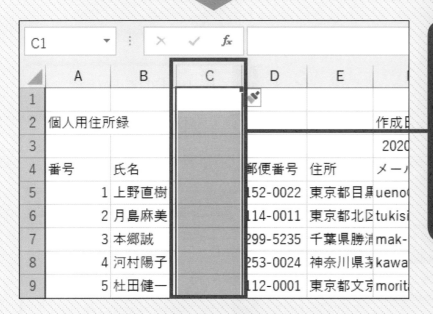

5

選択した列の左に
新しい列が
挿入されました

! いずれかのセルを左ク
リックすると、選択を
解除できます

おわり

Column 挿入した列や行に表示されるアイコンは何?

列や行を挿入すると、 が自動的に表示されます。
これを左クリックすると、挿入した列や行の見栄え(書
式)を左右の列や上下の行
と同じにしたり、書式を解
除したりすることができま
す。列や行に書式を設定し
ていない場合は、無視して
もかまいません。

67

Section 21 データをコピーしよう

同じデータを繰り返して入力する場合は、コピーしたほうが効率的です。デー
タをコピーするには、コピーと貼り付けの機能を利用します。

●操作に迷ったときは……　左クリック **11**ページ　キー **14**ページ　入力 **42**ページ

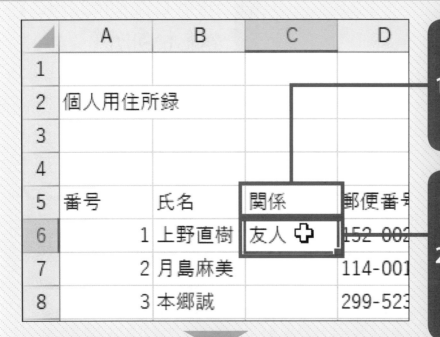

1 セル「C5」に
「関係」と
入力します

2 セル「C6」に
「友人」と入力し、
入力したセルを
左クリックします

3 ホーム の コピー 📋 を
左クリックします

❗ ほかのタブが表示され
ている場合は、ホーム を
左クリックします

5	番号		氏名	関係	郵便番号	住
6		1	上野直樹	友人	152-0022	東
7		2	月島麻美		114-0011	東
8		3	本郷誠		299-5235	千
9		4	河村陽子	✛	253-0024	神
10		5	杜田健一		112-0001	東
11		6	渋谷智子		336-0966	埼

> ! コピーもとのセルは破線で囲まれます

4 貼り付けたい
セルを
左クリックします

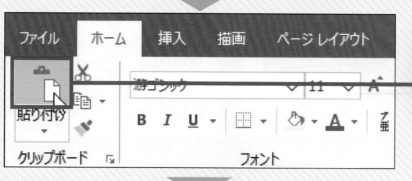

5 ホーム の 貼り付け 🗐 を
左クリックします

ファイル　ホーム　挿入　描画　ページ レイアウト

游ゴシック ∨ 11 ∨

B I U ▾ | ▦ ▾ | 🖉 ▾ A ▾ | ⁊

貼り付け

クリップボード 🔽　　　　　フォント

5	番号	氏名	関係	郵便番号	住
6	1	上野直樹	友人	152-0022	東
7	2	月島麻美		114-0011	東
8	3	本郷誠		299-5235	千
9	4	河村陽子	友人	253-0024	神
10	5	杜田健一		🗐 (Ctrl) ▾	東
11	6	渋谷			
12					

6 データが
コピーされました

> コピーもとのセルに破線が表示されているときは、
> 何度でも貼り付けができます

5	番号	氏名	関係	郵便番号	住
6	1	上野直樹	友人	152-0022	東
7	2	月島麻美	会社	114-0011	東
8	3	本郷誠	親戚	299-5235	千
9	4	河村陽子	友人	253-0024	神
10	5	杜田健一	親戚	112-0001	東
11	6	渋谷智子	会社	🗐 (Ctrl) ▾	埼
12					

7 残りの文字を
入力・コピー
します

> ! Esc キーを押すと、破
> 線が消えます

おわり

Section 22 データを移動しよう

セルに入力したデータを別のセルに移動したい場合は、データをいったん
セルから切り取って、別のセルに貼り付けます。

● 操作に迷ったときは…… 左クリック 11 ページ

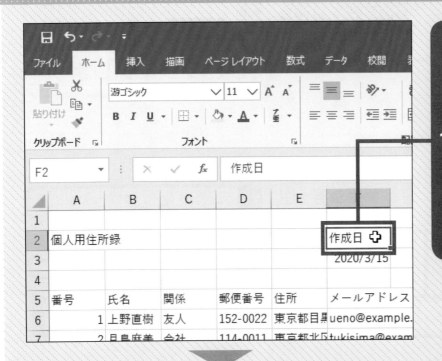

1 移動するデータ
が入力された
セルを
左クリックします

! ここでは、「作成日」を
移動します

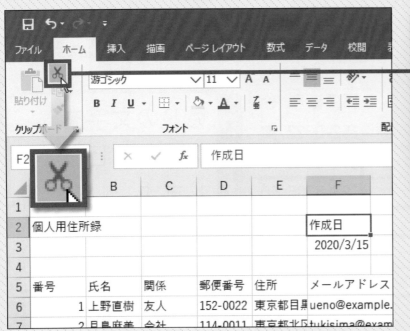

2 ホーム の 切り取り ✂ を
左クリックします

! ほかのタブが表示され
ている場合は、ホーム
を左クリックします

3 移動先のセルを左クリックします

！ 移動もとのセルは破線で囲まれます

4 ホーム の 貼り付け を左クリックします

移動の場合は、もとのデータは削除されます

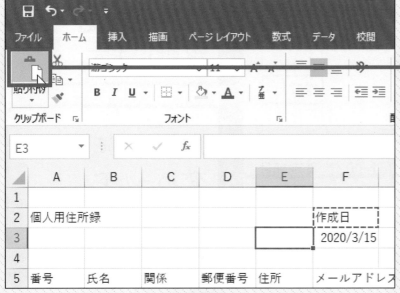

5 データが移動しました

おわり

Section 23 行や列を削除しよう

必要のない行や列を削除する場合も、かんたんに操作できます。削除したい行や列を選択して、ホーム の 削除 を左クリックするだけです。

●操作に迷ったときは…… 左クリック **11** ページ ドラッグ **12** ページ

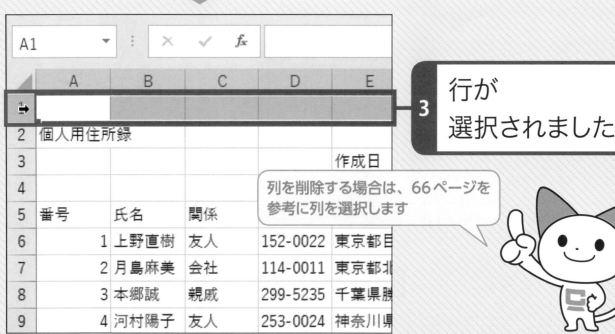

1 削除したい行の行番号に ✚ を移動します

2 形が ➡ に変わったら、左クリックします

3 行が選択されました

列を削除する場合は、66ページを参考に列を選択します

4 ホーム の 🔀削除 を左クリックします

! ほかのタブが表示されている場合は、ホーム を左クリックします

| A1 | ▼ | ⋮ | × | ✓ | f_x | 個人用住所録 |

	A	B	C	D	E
1	個人用住所録				
2					作成日
3					
4	番号	氏名	関係	郵便番号	住所
5	1	上野直樹	友人	152-0022	東京都目
6	2	月島麻美	会社		
7	3	本郷誠	親戚		
8	4	河村陽子	友人	255-0024	神奈川県

5 選択していた行が削除されました

間違えて削除してしまった場合は、すぐに画面左上の ↺ を左クリックすると、もとに戻すことができます

おわり

Column 複数の行や列を削除するには

複数の行や列を削除する場合は、✚ の形が ➡ や ⬇ に変わった状態で、行番号や列番号をドラッグして選択し、🔀削除 を左クリックします。

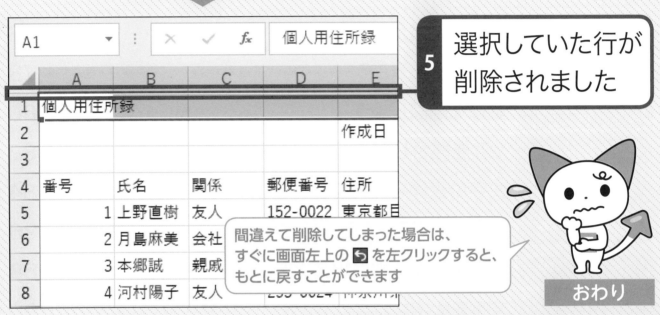

第3章 表の見栄えを整えよう

表のデータを入力したら、列幅を調整したり、罫線を引いたり、セルを結合したりして、表を見やすくします。さらに、文字の書体や大きさ、配置を変えたり、セルに色を付けたりして、インパクトのある美しい表に仕上げましょう。

この章でできるようになること

列幅を調整したり表全体に罫線を引いて、表を見やすくします。一部の罫線だけを削除することもできますよ!(76〜81ページ)

	A	B	C	D	E	F	G

個人用住所録

| | | | | | 作成日 | 2020/3/15 |

番号	氏名	関係	郵便番号	住所	メールアドレス
1	上野直樹	友人	152-0022	東京都目黒区柿の木坂１−２	ueno@example.com
2	月島麻美	会社	114-0011	東京都北区昭和町１−２−３	tukisima@example.com
3	本郷誠	親戚	299-5235	千葉県勝浦市出水１２３	mak-hon@example.com
4	河村陽子	友人	253-0024	神奈川県茅ケ崎市平和町１−１	kawamura@example.com
5	杜田健一	親戚	112-0001	東京都文京区白山３−２−１	morita@example.com
6	渋谷智子	会社	336-0966	埼玉県さいたま市緑区北原１２	tomosibu@example.com

セルを結合したり、文字の書体や大きさを変えると、タイトルが見やすくなります(82〜87ページ)

文字の配置や太さを変えたり、セルに色を付けたりすると、表の見栄えがよくなります(88〜93ページ)

Section 24 表の幅を整えよう

入力したデータがセルに収まらないときや、表の体裁を整えたいときは、列の幅や行の高さを調整します。調整はドラッグ操作で行えます。

● 操作に迷ったときは…… ドラッグ **12** ページ

---

1 幅を変更したい列番号の右端に
ポインター
➕を移動すると、形が✛に変わります

! ここでは、A列の幅を変更します

	A	B	C	D	E	F
1	個人用住所録					
2				作成日	2020/3/15	
3						
4	番号	氏名	関係	郵便番号	住所	メールアド
5	1	上野直樹	友人	152-0022	東京都目黒	ueno@exam
6	2	月島麻美	会社	114-0011	東京都北区	tukisima@e
7	3	本郷誠	親戚	299-5235	千葉県勝浦	mak-hon@
8	4	河村陽子	友人	253-0024	神奈川県茅	kawamura@
9	5	杜田健一	親戚	112-0001	東京都文京	morita@exa
10	6	渋谷智子	会社	336-0966	埼玉県さい	tomosibu@
11						
12						

K17

---

2 そのまま左方向にドラッグします

幅: 4.38 (40 ピクセル)

	A	B	C	D	E	F
1	個人用住所録					
2				作成日	2020/3/15	
3						
4	番号	氏名	関係	郵便番号	住所	メールアド
5	1	上野直樹	友人	152-0022	東京都目黒	ueno@exam
6	2	月島麻美	会社	114-0011	東京都北区	tukisima@e
7	3	本郷誠	親戚	299-5235	千葉県勝浦	mak-hon@
8	4	河村陽子	友人	253-0024	神奈川県茅	kawamura@
9	5	杜田健一	親戚	112-0001	東京都文京	morita@exa
10	6	渋谷智子	会社	336-0966	埼玉県さい	tomosibu@
11						
12						

K17

ドラッグすると、枠線が左右に動きます

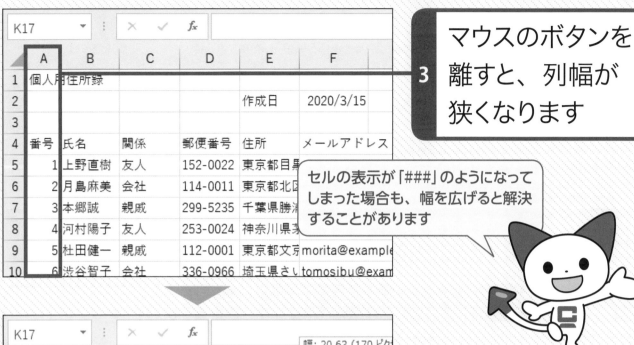

マウスのボタンを
離すと、列幅が
狭くなります **3**

セルの表示が「###」のようになって
しまった場合も、幅を広げると解決
することがあります

同様の方法で
右方向にドラッグ
すると、列幅が
広くなります **4**

おわり

Column 行の高さを変えるには

エクセルでは、入力された文字の大きさによって、
行の高さが自動的に調整されます。手動で調整する
場合は、高さを変更したい
行の行番号の下に✚を移動
し、形が✚に変わったら、
上下方向にドラッグします。

高さ: 30.00 (40 ピクセル)

Section 25 表に罫線を引こう

表に罫線を引くと、表のデータが見やすくなります。ここでは、表全体に格子状の罫線を引きましょう。

●操作に迷ったときは…… 左クリック 11ページ ドラッグ 12ページ

1 表の左上のセル「A4」に
ポインター
✛ を移動します

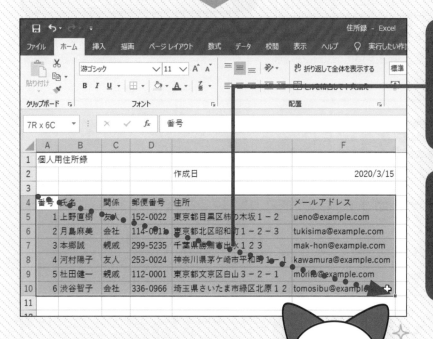

2 表の右下のセル「F10」までドラッグします

3 ドラッグした範囲が選択されました

選択に失敗しても、あわてずにもう一度やり直しましょう

78

4
罫線
ホーム の ⊞ ▾ の ▾ を
左クリックします

! ほかのタブが表示され
ている場合は、ホーム を
左クリックします

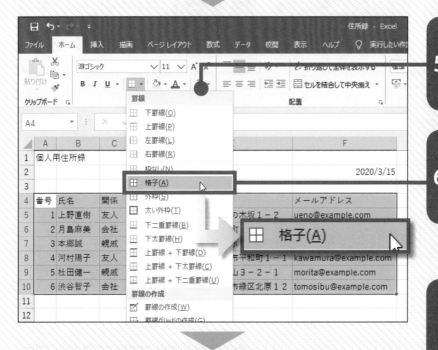

5
罫線のメニューが
表示されました

6
⊞ 格子(A) を
左クリックします

7
表以外のセルを
左クリックして、
選択を
解除します

8
表に格子状の
罫線が
引かれました

おわり

Section 26 罫線を削除しよう

間違って罫線を引いてしまった場合は、罫線を削除しましょう。
すべての罫線を削除することも、一部の罫線だけを削除することもできます。

● 操作に迷ったときは…… 左クリック **11** ページ ドラッグ **12** ページ キー **14** ページ

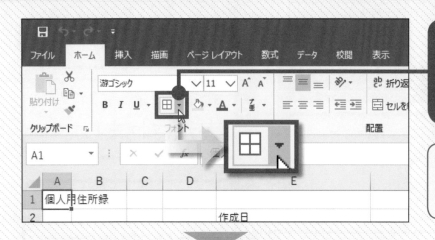

1 ホーム の ▦ ▾ の ▾ を 左クリックします

罫線のアイコンは、直前の選択項目によって、絵柄が異なります

2 罫線のメニューが 表示されました

3 🖊 罫線の削除(E) を 左クリックします

罫線
- 下罫線(O)
- 上罫線(P)
- 左罫線(L)
- 右罫線(R)
- 枠なし(N)
- 格子(A)
- 外枠(S)
- 太い外枠(T)
- 下二重罫線(B)
- 下太罫線(H)
- 上罫線 + 下罫線(D)
- 上罫線 + 下太罫線(C)
- 上罫線 + 下二重罫線(U)

罫線の作成
- 罫線の作成(W)
- 罫線グリッドの作成(G)
- 罫線の削除(E)
- 線の色(I)

🖊 罫線の削除(E)

	E	F	G
作成日		2020/3/15	
住所	メールアドレス		
東京都目黒区柿の木坂１－２	ueno@example.com		
東京都北区昭和町１－２－３	tukisima@example.com		
千葉県勝浦市出水１２３	mak-hon@example.com		
神奈川県茅ケ崎市平和町１－１	kawamura@example.com		
東京都文京区白山３－２－１	morita@example.com		
埼玉県さいたま市緑区北原１２	tomosibu@example.com		

4 ✚ の形が の形が 🧽 に変わりました

5 削除したい罫線の上をドラッグします

	A	B	C	D	E	F
1	個人用住所録					
2				作成日		2020/3/15
3						
4	番号	氏名	関係	郵便番号	住所	メールアドレス
5	1	上野直樹	友人	152-0022	東京都目黒区柿の木坂１－２	ueno@example.com
6	2	月島麻美	会社	114-0011	東京都北区昭和町１－２－３	tukisima@example.com
7	3	本郷誠	親戚	299-5235	千葉県勝浦市出水１２３	mak-hon@example.com
8	4	河村陽子	友人	253-0024	神奈川県茅ケ崎市平和町１－１	kawamura@example.com
9	5	杜田健一	親戚	112-0001	東京都文京区白山３－２－１	morita@example.com
10	6	渋谷智子	会社	336-0966	埼玉県さいたま市緑区北原１２	tomosibu@example.com
11						
12						

6 ドラッグした部分の罫線が削除されました

7 左端の罫線も同様に削除します

	A	B	C	D	E	F
1	個人用住所録					
2				作成日		2020/3/15
3						
4	番号	氏名	関係	郵便番号	住所	メールアドレス
5	1	上野直樹	友人	152-0022	東京都目黒区柿の木坂１－２	ueno@example.com
6	2	月島麻美	会社	114-0011	東京都北区昭和町１－２－３	tukisima@example.com
7	3	本郷誠	親戚	299-5235	千葉県勝浦市出水１２３	mak-hon@example.com
8	4	河村陽子	友人	253-0024	神奈川県茅ケ崎市平和町１－１	kawamura@example.com
9	5	杜田健一	親戚	112-0001	東京都文京区白山３－２－１	morita@example.com
10	6	渋谷智子	会社	336-0966	埼玉県さいたま市緑区北原１２	tomosibu@example.com
11						
12						

8 削除し終わったら Esc キーを押して 🧽 の形を通常の ✚ に戻します

おわり

Column 表全体の罫線を削除するには

表全体の罫線を削除する場合は、78ページの方法で表全体を選択して、罫線ボタンの ▼ を左クリックし、 枠なし(N) を左クリックします。

Section 27 セルを結合しよう

隣り合う複数のセルは、結合して1つのセルとして扱うことができます。
この機能を利用すると、タイトルなどを見やすく表示することができます。

● 操作に迷ったときは…… 左クリック **11** ページ ドラッグ **12** ページ

1 セル「A1」に ポインター ✛ を移動します

ここでは、「A1」から「F1」の
セル範囲を結合して、
1つのセルにします

2 セル「F1」まで ドラッグします

3 ドラッグした 範囲が 選択されました

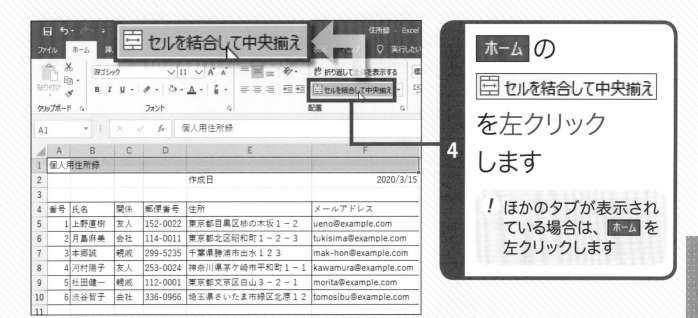

ホーム の

セルを結合して中央揃え

を左クリック
します

> ! ほかのタブが表示され
> ている場合は、**ホーム** を
> 左クリックします

4

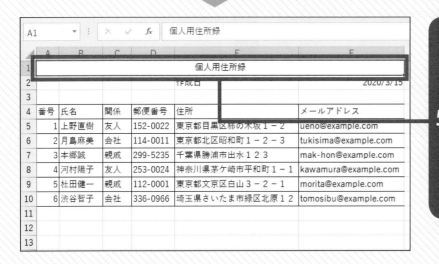

選択したセルが
1つに結合
されました

> ! タイトルが表の中央に
> 配置されました

5

おわり

 セルの結合を解除するには

結合されたセルを左
クリックして、再度
セルを結合して中央揃え を
左クリックすると、
セルの結合を解除
できます。

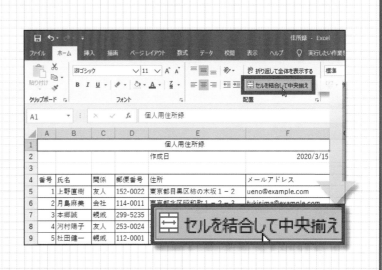

Section 28 文字の書体を変えよう

文字の書体（フォント）やサイズを必要に応じて変更すると、表にメリハリが付きます。ここでは、タイトルの文字の書体を変えてみましょう。

● 操作に迷ったときは…… 左クリック **11** ページ ドラッグ **12** ページ

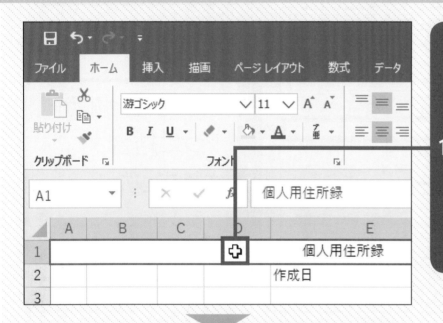

1 文字の書体を変えたいセルに ✚ ポインター を移動して左クリックします

> ! ここでは、タイトルの文字の書体を変えます

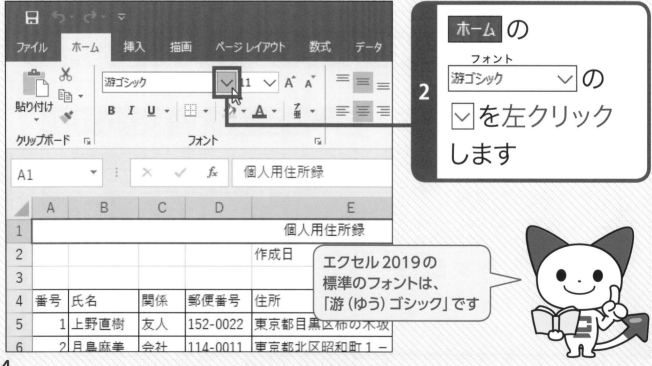

2 ホーム の フォント 游ゴシック ∨ の ∨ を左クリックします

> エクセル2019の標準のフォントは、「游（ゆう）ゴシック」です

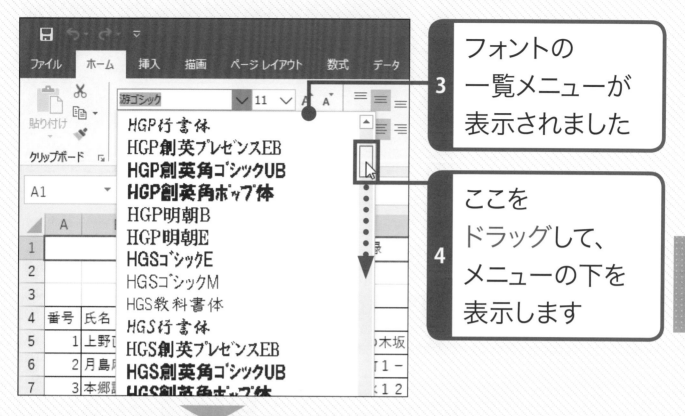

フォントの
一覧メニューが
表示されました **3**

ここを
ドラッグして、
メニューの下を
表示します **4**

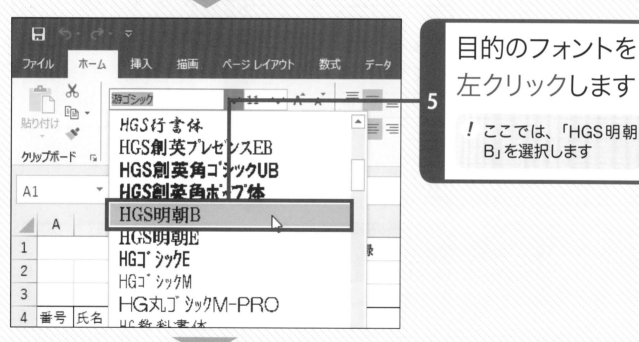

目的のフォントを
左クリックします **5**

! ここでは、「HGS明朝
B」を選択します

	A	B	C	D	E
1					個人用住所録
2					作成日
3					
4	番号	氏名	関係	郵便番号	住所
5	1	上野直樹	友人	152-0022	東京都目黒区柿の木坂
6	2	月島麻美	会社	114-0011	東京都北区昭和町１－
7	3	本郷誠	親戚	299-5235	千葉県勝浦市出水１２

文字の書体が
変わりました **6**

おわり

Section 29 文字を大きくしよう

文字のサイズを大きくすると、その部分を目立たせることができます。ここでは、タイトルの文字のサイズを変えてみましょう。

● 操作に迷ったときは…… 左クリック **11** ページ

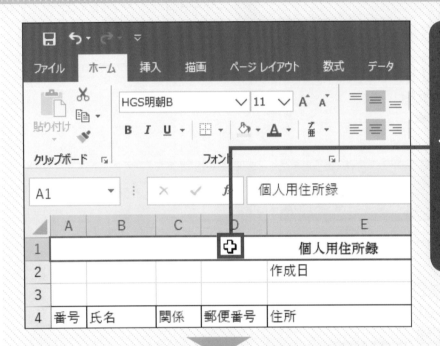

1 文字のサイズを変えたいセルに ポインター ✚ を移動して左クリックします

！ ここでは、タイトルの文字サイズを変えます

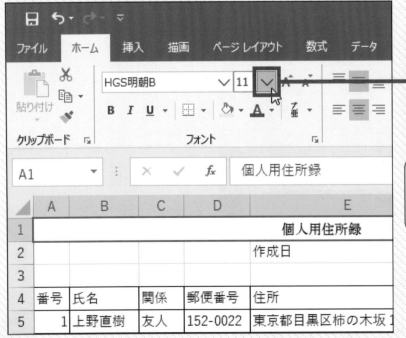

2 ホーム の フォントサイズ 11 ∨ の ∨ を左クリックします

文字の大きさは、ポイントという単位で表します

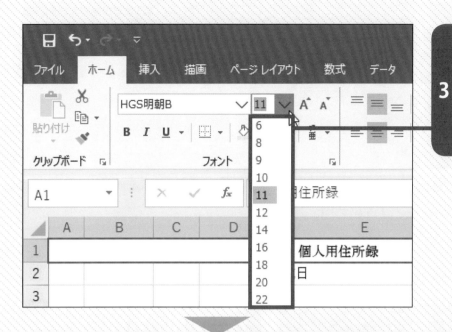

3 フォントサイズの
一覧メニューが
表示されました

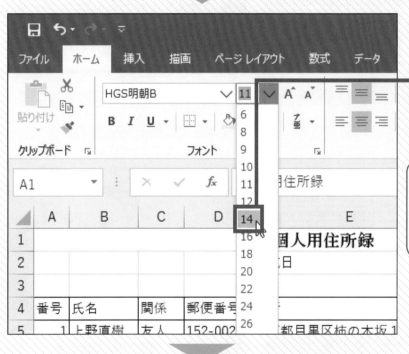

4 目的のフォント
サイズを
左クリックします

数字の上に🔖を移動すると、
見た目の変化を確認することが
できます。これを、プレビュー
表示といいます

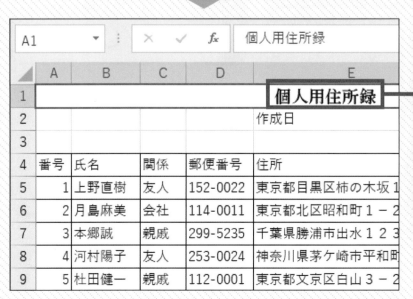

文字のサイズが
変わりました

5 ！ ここでは、14ポイント
に変更しました。行の
高さは、文字の大きさ
によって自動的に調整
されます

おわり

87

Section 30 文字を中央や右に揃えよう

標準では、セルに入力した日本語や英字は左揃えに、数字は右揃えになります。この配置は、変更することができます。

●操作に迷ったときは…… 左クリック **11** ページ ドラッグ **12** ページ

1 セル「A4」に ポインター ✛ を移動します

ここでは、列の見出しを中央揃えに、「作成日」を右揃えにします

2 セル「F4」まで ドラッグします

3 ドラッグした範囲が選択されました

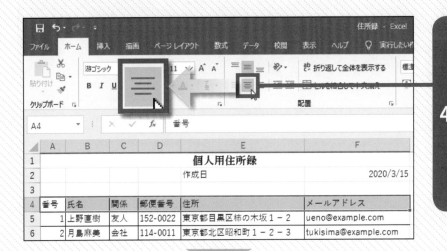

4 ホーム の 中央揃え [三] を
左クリックします

! ほかのタブが表示され
ている場合は、ホーム を
左クリックします

5 列見出しの
文字が中央に
配置されました

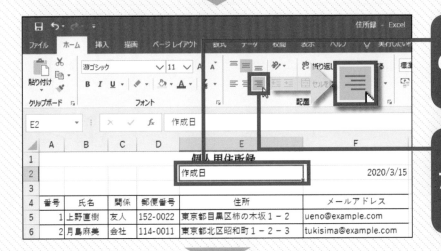

6 セル「E2」を
左クリックします

7 右揃え [三] を
左クリックします

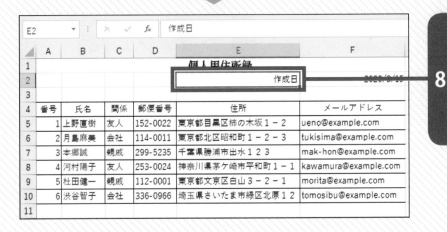

8 「作成日」が
右揃えに
配置されました

おわり

Section
31 文字を太字にしよう

列見出しの文字を太字にすると、データ部分との区別がつきやすくなります。
文字を斜めにしたり、下線を引いたりすることもできます。

● 操作に迷ったときは…… 左クリック **11** ページ ／ ドラッグ **12** ページ

1 セル「A4」に ✚ を移動します

表の行や列の見出しを
太字にすると、メリハリが付いて
見やすい表になります

2 セル「F4」まで
ドラッグします

3 ドラッグした
範囲が
選択されました

4

ホーム の **B** を
左クリックします

! 太字にしたあとで、もう一度左クリックすると、もとに戻ります

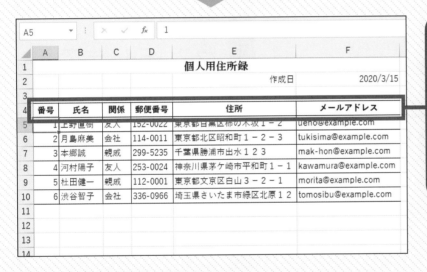

5

列見出しの文字が
太字になりました

! 列見出し以外のセルを左クリックして、選択を解除しています

おわり

Column 文字を斜めにしたり下線を引くには

文字を斜めにするにはセルを選択して *I* を、下線を引くにはセルを選択して **U** を左クリックします。

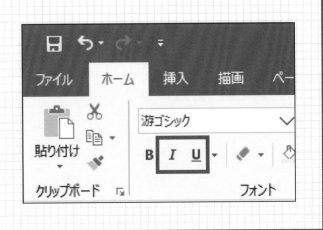

Section 32 表に色を付けよう

表の行や列の見出しのセルに色を付けると、見栄えがよく、インパクトのある表になります。列の見出しのセルに色を付けてみましょう。

● 操作に迷ったときは…… 左クリック **11** ページ ドラッグ **12** ページ

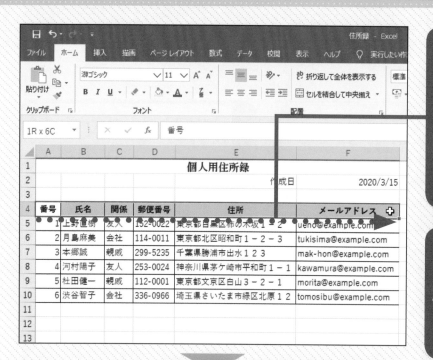

1 「A4」に ✚ を移動し、セル「F4」までドラッグします

2 ドラッグした範囲が選択されました

3 ホーム の 塗りつぶしの色 の ▾ を左クリックします

! ほかのタブが表示されている場合は、ホーム を左クリックします

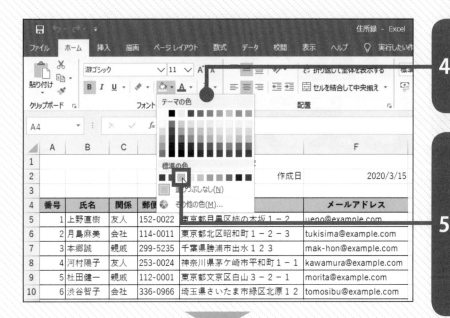

4 色の一覧が
表示されました

5 使いたい色を
左クリックします

! 色に ▷ を移動すると、
プレビュー表示されて
色が変わります

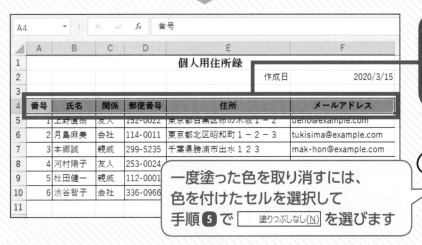

6 列見出しのセルに
色が付きました

一度塗った色を取り消すには、
色を付けたセルを選択して
手順 **5** で 塗りつぶしなし(N) を選びます

おわり

Column 文字に色を付けるには

文字に色を付けるに
は、セルを選択して
🅐▾ の ▾ を左クリッ
クし、使いたい色を
左クリックします。

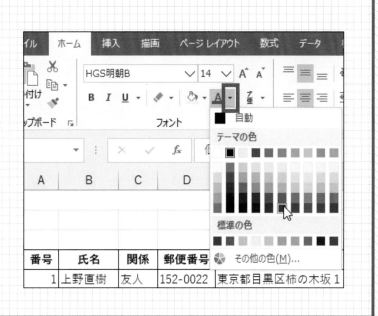

第4章

データの並べ替えや検索をしよう

表のデータを五十音順や数値の小さい順に並べ替えてみましょう。また、特定の文字を探したり、特定の文字を別の文字に置き換えたり、表の中から目的のデータだけを表示したり、などの便利な操作方法も覚えましょう。

この章でできるようになること

データを並べ替えることができます！　▶96〜99ページ

データを五十音順に並べ替えたり、
数値の小さい順や大きい順に並べ替える方法を解説します

4	番号	氏名	関係	郵便番号	住所	メールアドレス
5	1	上野直樹	友人	152-0022	東京都目黒区柿の木坂１−２	ueno@example.com
6	4	河村陽子	友人	253-0024	神奈川県茅ケ崎市平和町１−１	kawamura@example.com
7	6	渋谷智子	会社	336-0966	埼玉県さいたま市緑区北原１２	tomosibu@example.com
8	2	月島麻美	会社	114-0011	東京都北区昭和町１−２−３	tukisima@example.com
9	3	本郷誠	親戚	299-5235	千葉県勝浦市出水１２３	mak-hon@example.com
10	5	杜田健一	親戚	112-0001	東京都文京区白山３−２−１	morita@example.com
11						

文字を検索、置換することができます！　▶100〜103ページ

たくさんのデータの中から特定の文字を探したり、文字を
置き換えたりする場合は、検索と置換を使うと便利です

データを抽出することができます！　▶104ページ

列見出しに ▼ を追加して、
データを抽出することもできますよ！

4	番号	氏名	関係	郵便番号	住所	メールアドレス
6	2	月島麻美	会社	114-0011	東京都北区昭和町１−２−３	tukisima@example.com
10	6	渋谷智子	会社	336-0966	埼玉県さいたま市緑区北原１２	tomosibu@example.com
11						
12						

Section 33 データを五十音順に 並べ替えよう

エクセルでは、表のデータをかんたんに並べ替えることができます。ここでは、名前を五十音順で並べ替えてみましょう。

● 操作に迷ったときは…… 左クリック 11ページ

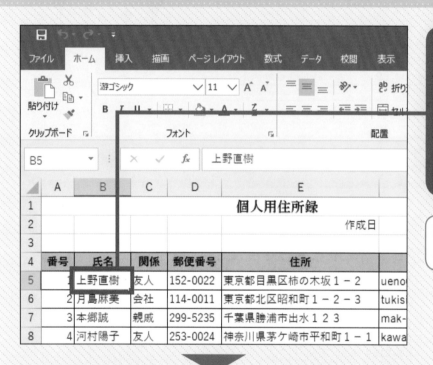

1 並べ替えの基準にする列のどれかのセルを左クリックします

見出し部分の「氏名」を左クリックしてもOKです

2 **データ** を左クリックします

!　並べ替えができるのは、先頭に列見出しがあり、列ごとに同じ種類のデータが入力されている表です

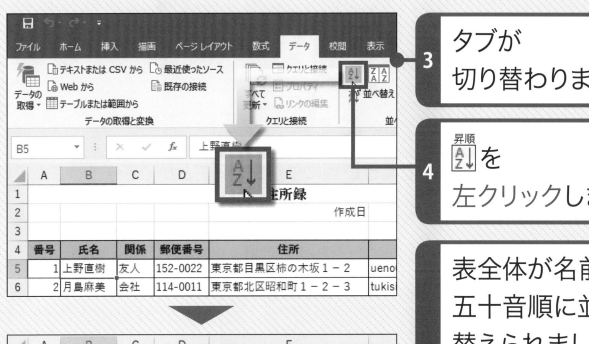

3 タブが
切り替わりました

4 昇順
A↓ を
Z
左クリックします

5 表全体が名前の
五十音順に並べ
替えられました

! 並べ替えは入力したと
きの読みの情報が基準
になるので、違う読み
で入力すると、結果が
異なる場合があります

おわり

解説 **表のデータを並べ替える場合**

表のデータを並べ替えるには、表と表以外（タイトル
や日付など）のデータの間に1行以上の空白行を挿
入するか、表以外の行
を削除する必要があり
ます。表以外の行を削
除する場合は、72ペー
ジを参照してください。

表の上に1行以上の
空きを入れます

97

Section 34 データを小さい順に並べ替えよう

表の数値データも小さい順や大きい順に並べ替えることができます。ここでは、データを小さい順に並べ替えてみましょう。

● 操作に迷ったときは…… 左クリック **11** ページ

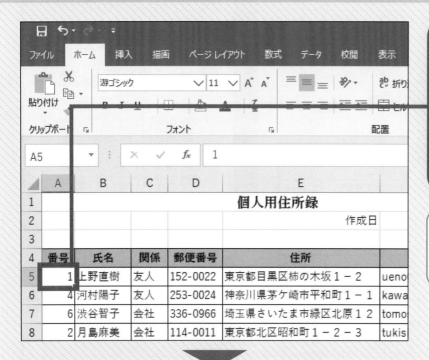

1 並べ替えの基準にする列のどれかのセルを左クリックします

ここでは、名前の前に付けた番号を基準に、表全体を番号の小さい順に並べ替えます

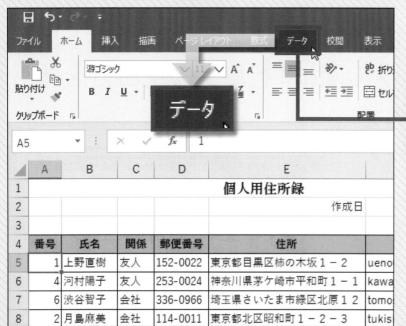

2 データ を左クリックします

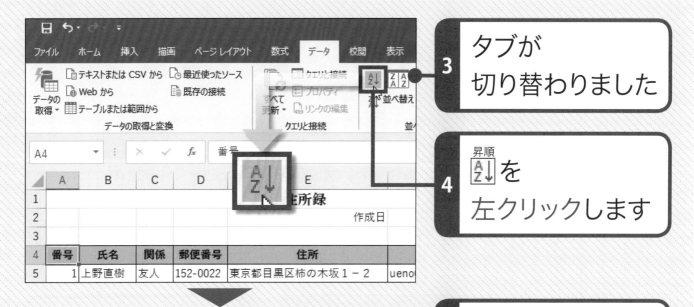

3 タブが切り替わりました

4 昇順 A↓Z を左クリックします

5 表全体が番号の小さい順に並べ替えられました

!　大きい順に並べ替える場合は、手順❹で Z↓A を左クリックします

おわり

 ふりがなの列を基準に並べ替える

96ページの手順で表のデータが五十音順にうまく並べ替えられない場合は、新たにふりがなの列を追加して、その列を基準に並べ替えるとよいでしょう。

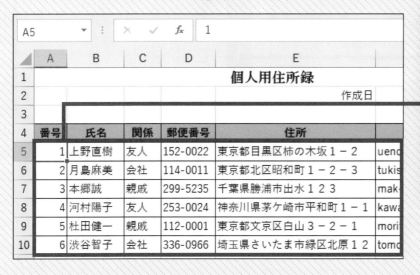

Section
35 データを検索しよう

たくさんのデータの中から、特定の文字を一つ一つ探すのは面倒です。この場合は、検索機能を使うとすばやく見つけ出すことができます。

●操作に迷ったときは…… 左クリック **11** ページ 入力 **42** ページ

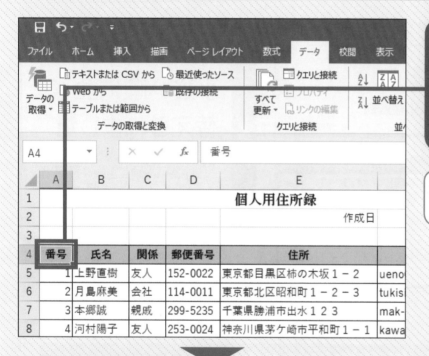

1 表の左上の
セルを
左クリックします

ここでは、表全体から
「友人」という文字を検索します

2 **ホーム** を
左クリックします

検索と選択
3 🔍 を
左クリックします

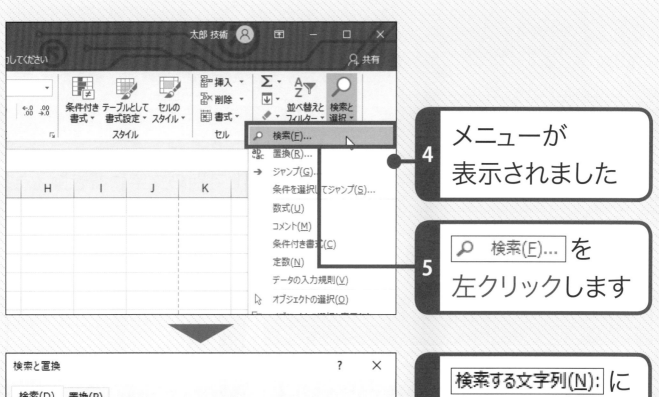

4 メニューが
表示されました

5 🔎 検索(E)... を
左クリックします

6 検索する文字列(N): に
「友人」と
入力します

7 次を検索(E) を
左クリックします

	A	B	C	D	E
1				個人用住所録	
2					作成日
3					
4	番号	氏名	関係	郵便番号	住所
5	1	上野直樹	友人	152-0022	東京都目黒区柿の木坂1－2
6	2	月島麻美	会社	114-0011	東京都北区昭和町1－2－3
7	3	本郷誠	親戚	299-5235	千葉県勝浦市出水123
8	4	河村陽子	友人	253-0024	神奈川県茅ケ崎市平和町1－1
9	5	杜田健一	親戚	112-0001	東京都文京区白山3－2－1
10	6	渋谷智子	会社	336-0966	埼玉県さいたま市緑区北原12

C5　fx　友人

検索と置換　?　×

検索(D)　置換(P)

検索する文字列(N)：友人

すべて検索(I)　次を検索(E)　閉じる

8 指定した文字が
検索され、セルが
アクティブに
なりました

! 検索を続けるときは
次を検索(E) を、検索を終
了するときは 閉じる を
左クリックします

おわり

Section 36 データを置換しよう

入力したデータの中から、特定の文字を探し出して別の文字に置き換えたいときは、置換機能を使うと便利です。

● 操作に迷ったときは…… 左クリック **11** ページ　入力 **42** ページ

1 100ページの方法でく検索と選択>のメニューを表示します

2 ab4ac 置換(R)... を左クリックします

3 検索する文字列(N): に「親戚」と入力します

4 置換後の文字列(E): に「親族」と入力します

ここでは、「関係」の「親戚」を「親族」に置き換えます

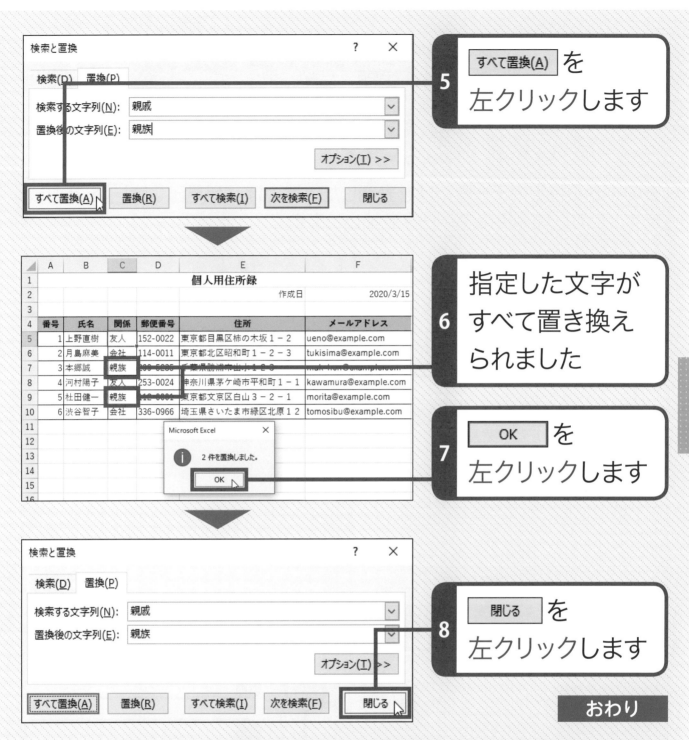

5 すべて置換(A) を左クリックします

6 指定した文字がすべて置き換えられました

7 OK を左クリックします

8 閉じる を左クリックします

おわり

Column **1つずつ確認して置換するには**

1つずつ確認をしながら置換する場合は、 置換(R) を左クリックします。 次を検索(F) を左クリックすると、置換せずに次の文字に移動します。

103

Section 37 条件に合うデータだけを表示しよう

表の中から特定のデータだけを表示したい場合は、列見出しに ▼ を追加します。この ▼ を利用してデータを抽出します。

●操作に迷ったときは…… 左クリック **11** ページ 入力 **42** ページ

1 列見出しの
どれかのセルを
左クリックします

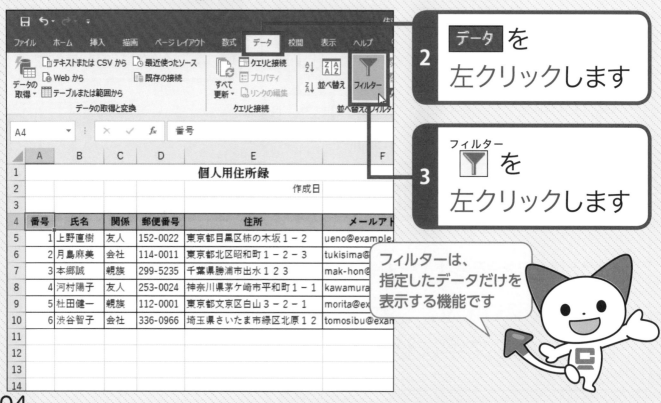

2 データ を
左クリックします

3 フィルター ▼ を
左クリックします

フィルターは、
指定したデータだけを
表示する機能です

104

4 列見出しに ▼ が
追加されました

5 「関係」の ▼ を
左クリックします

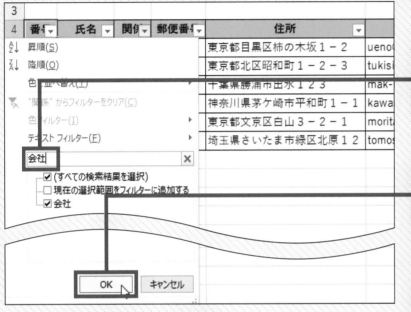

6 「会社」と
入力します

7 OK を
左クリックします

8 「会社」の
データだけが
表示されました

おわり

解説 ▶ **表示をもとに戻すには**

列見出しの 🔽 を左クリックして、＜"関係"からフィルターをクリア＞を左クリックすると、もとのデータが表示されます。また、データ の 🔽 を左クリックすると、▼ が非表示になります。

第5章 表を使って計算しよう

エクセルでは、数式を利用してさまざまな計算を行うことができます。この章では、数値を直接入力したり、セル番号や関数を使った計算方法を覚えます。また、表示形式を変更して、数値を見やすくする方法も覚えましょう。

この章でできるようになること

セルの位置を使って計算したり、
数式をコピーしたりすると、
計算が便利になりますよ!(114、120、124ページ)

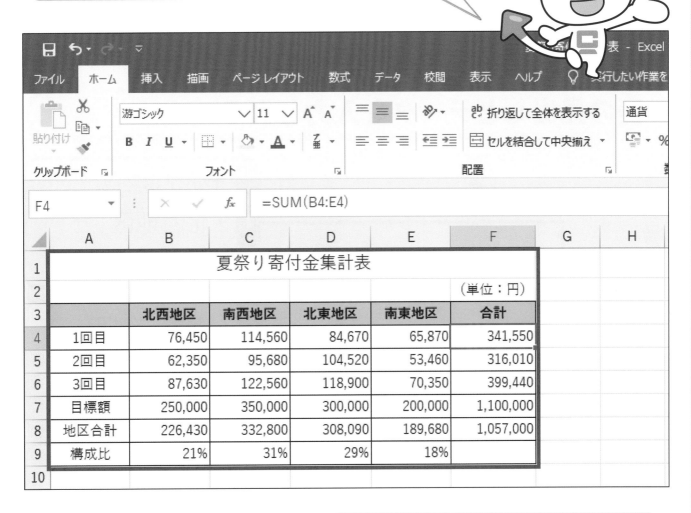

F4　　=SUM(B4:E4)

	北西地区	南西地区	北東地区	南東地区	合計
1回目	76,450	114,560	84,670	65,870	341,550
2回目	62,350	95,680	104,520	53,460	316,010
3回目	87,630	122,560	118,900	70,350	399,440
目標額	250,000	350,000	300,000	200,000	1,100,000
地区合計	226,430	332,800	308,090	189,680	1,057,000
構成比	21%	31%	29%	18%	

夏祭り寄付金集計表
(単位：円)

関数を使うと
計算がグッと楽になります
(118、122ページ)

数値に3桁ごとに「,」を付けたり
「%」を付けたりすると、
わかりやすくなります
(128ページ)

Section 38 計算に使用する表を作ろう

はじめに、計算に使用するための基本の表を作成します。ここでは、合計と構成比を計算するための「集計表」を作りましょう。

●操作に迷ったときは…… キー 14 ページ 入力 42 ページ

表の見出しとデータを入力しよう

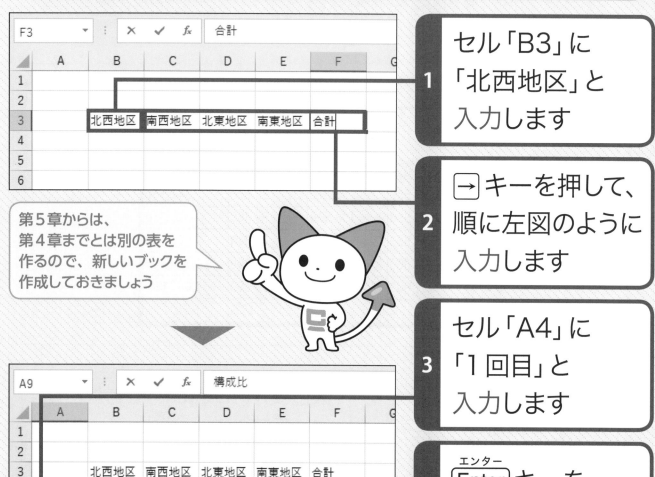

1 セル「B3」に「北西地区」と入力します

2 →キーを押して、順に左図のように入力します

第5章からは、第4章までとは別の表を作るので、新しいブックを作成しておきましょう

3 セル「A4」に「1回目」と入力します

4 Enter（エンター）キーを押して、順に左図のように入力します

5 セル「A1」に
タイトルを
入力します

6 セル「F2」に
「（単位：円）」と
入力します

「（」を入力するには
Shiftキーを押しながら8ゆキーを、
「）」はShiftキーを押しながら
9よキーを押して入力します

7 左図のように
数値を入力します

! 数値は、半角数字で入
力しましょう

8 セル「A3」から
セル「F9」までの
表全体に
格子状の罫線を
引きます

! 表全体を罫線で囲む方
法は、78ページを参
照してください

次へ

表の見栄えを整えよう

1 列の幅を文字列に合わせて調整します

! 列幅を変更する方法は、76ページを参照してください

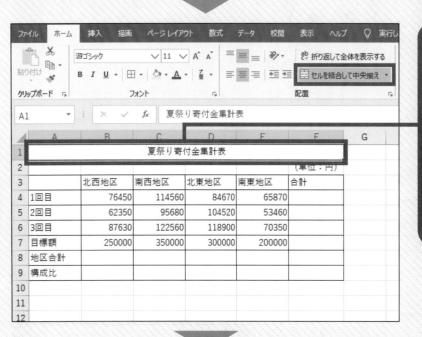

2 「A1」から「F1」までのセルを結合します

! セルを結合する方法は、82ページを参照してください

3 文字サイズを「14ポイント」に変更します

! 文字サイズを変更する方法は、86ページを参照してください

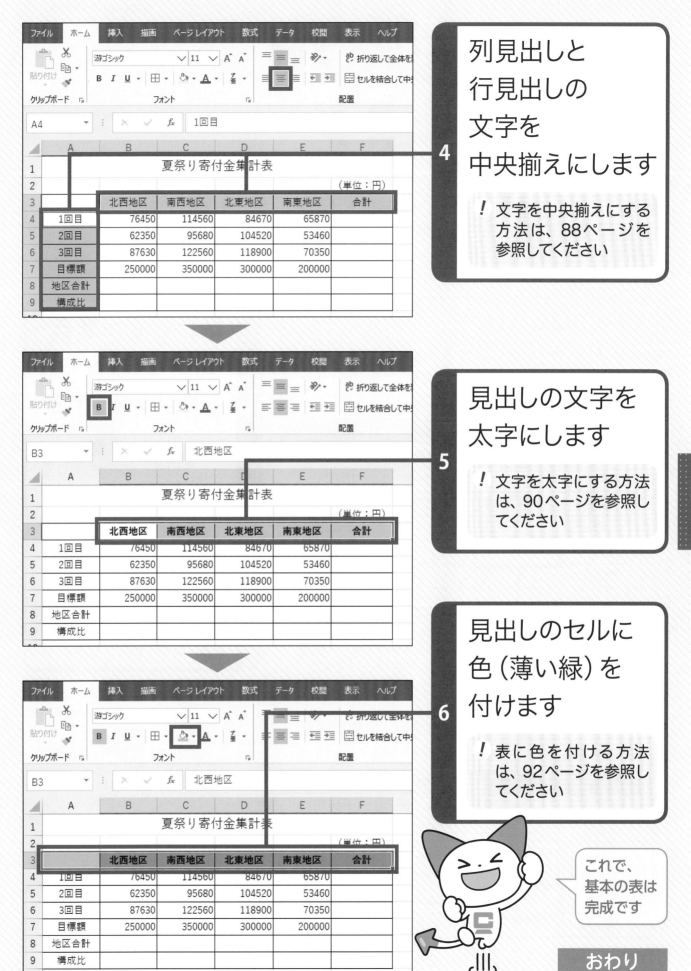

列見出しと行見出しの文字を中央揃えにします

4

! 文字を中央揃えにする方法は、88ページを参照してください

夏祭り寄付金集計表

(単位：円)

	北西地区	南西地区	北東地区	南東地区	合計
1回目	76450	114560	84670	65870	
2回目	62350	95680	104520	53460	
3回目	87630	122560	118900	70350	
目標額	250000	350000	300000	200000	
地区合計					
構成比					

見出しの文字を太字にします

5

! 文字を太字にする方法は、90ページを参照してください

5章 表を使って計算しよう

見出しのセルに色（薄い緑）を付けます

6

! 表に色を付ける方法は、92ページを参照してください

これで、基本の表は完成です

おわり

Section 39 数値を入力して計算しよう

エクセルで計算をするにはいくつかの方法があります。ここでは、結果を求めるセルに数値と四則演算の記号を入力して、足し算をしてみましょう。

● 操作に迷ったときは…… 左クリック **11** ページ キー **14** ページ 入力 **42** ページ

1 結果を表示するセル「B8」を左クリックします

! 入力モードが A になっていることを確認しておきます

2 半角で「=」（イコール）と入力します

「=」を入力するには、Shift キーを押しながら ＝ほ キーを押します

3 半角で「76450」と入力します

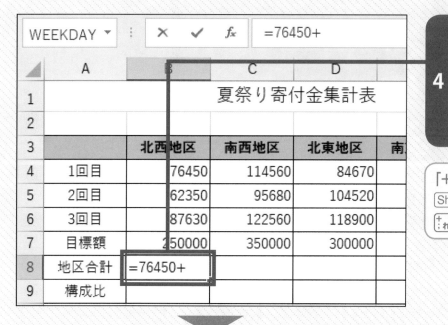

4 半角で「＋」（プラス）と入力します

「＋」を入力するには、Shiftキーを押しながら[＋／れ]キーを押します

表 (1つ目)

WEEKDAY ▼		× ✓	fx	=76450+	
	A	B	C	D	
1		夏祭り寄付金集計表			
2					
3		北西地区	南西地区	北東地区	南
4	1回目	76450	114560	84670	
5	2回目	62350	95680	104520	
6	3回目	87630	122560	118900	
7	目標額	250000	350000	300000	
8	地区合計	=76450+			
9	構成比				

表 (2つ目)

WEEKDAY ▼		× ✓	fx	=76450+62350+87630	
	A	B	C	D	
1		夏祭り寄付金集計表			
2					
3		北西地区	南西地区	北東地区	南
4	1回目	76450	114560	84670	
5	2回目	62350	95680	104520	
6	3回目	87630	122560	118900	
7	目標額	250000	350000	300000	
8	地区合計	=76450+62350+87630			
9	構成比				

5 続けて計算式を入力します

6 Enterキーを押します

表 (3つ目)

B9	▼	× ✓	fx		
	A	B	C	D	
1		夏祭り寄付金集計表			
2					
3		北西地区	南西地区	北東地区	南
4	1回目	76450	114560	84670	
5	2回目	62350	95680	104520	
6	3回目	87630	122560	118900	
7	目標額	250000	350000	300000	
8	地区合計	226430			
9	構成比				

7 数式を入力したセルに計算結果が表示されました

! 足し算では「＋」、引き算では「－」、掛け算では「＊」、割り算では「/」の記号を使います

おわり

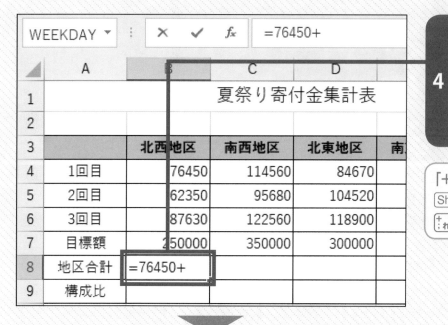

5章
表を使って計算しよう

113

Section 40 セルを指定して計算しよう

数値のかわりにセルの位置を使って計算をすることもできます。セルの位置を使うと、数値を入力する手間が省けます。

●操作に迷ったときは…… 左クリック **11** ページ ・ キー **14** ページ ・ 入力 **42** ページ

「＝」を入力してセルの位置を指定しよう

C8	▼	:	×	✓	fx	
	A	B	C	D		
1			夏祭り寄付金集計表			
2						
3		北西地区	南西地区	北東地区	南東	
4	1回目	76450	114560	84670		
5	2回目	62350	95680	104520		
6	3回目	87630	122560	118900		
7	目標額	250000	350000	300000		
8	地区合計	226430	✛			
9	構成比					

1 結果を表示するセル「C8」を左クリックします

> ! 入力モードが **A** になっていることを確認しておきます

WEEKDAY	▼	:	×	✓	fx	＝
	A	B	C	D		
1			夏祭り寄付金集計表			
2						
3		北西地区	南西地区	北東地区	南東	
4	1回目	76450	114560	84670		
5	2回目	62350	95680	104520		
6	3回目	87630	122560	118900		
7	目標額	250000	350000	300000		
8	地区合計	226430	＝			
9	構成比					

2 半角で「＝」（イコール）と入力します

> 「＝」を入力するには、Shift キーを押しながら ーほ キーを押します

3 セル「C4」を左クリックします

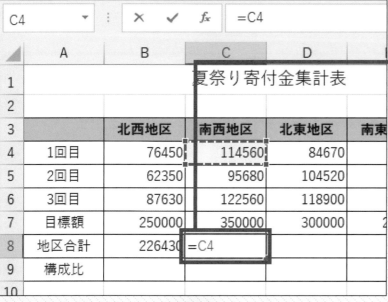

4 「=」のあとにセルの位置「C4」が自動的に入力されました

! セルの位置は、列番号と行番号で表します

5 半角で「+」（プラス）と入力します

「+」を入力するには、Shiftキーを押しながら[れ]キーを押します

次へ

計算結果を求めよう

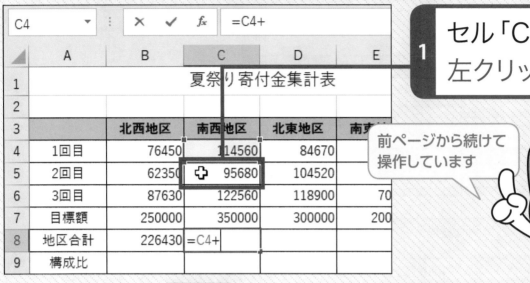

前ページから続けて操作しています

1 セル「C5」を左クリックします

---

2 「+」のあとにセルの位置「C5」が入力されました

! 間違ったセルを左クリックしたときは、もう一度正しいセルを左クリックします

---

3 半角で「+」（プラス）と入力します

数値のかわりにセルの位置を指定することで、セルに入力された数値を計算に使うことができます

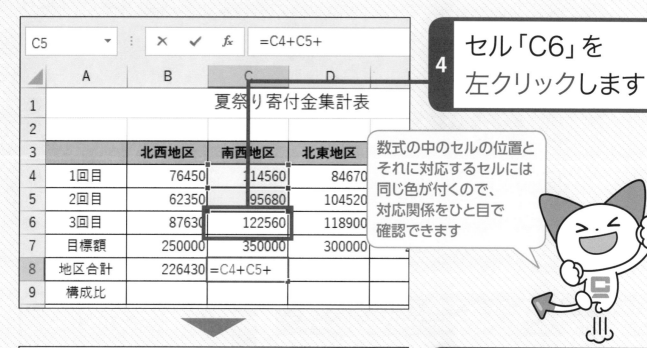

4 セル「C6」を
左クリックします

数式の中のセルの位置と
それに対応するセルには
同じ色が付くので、
対応関係をひと目で
確認できます

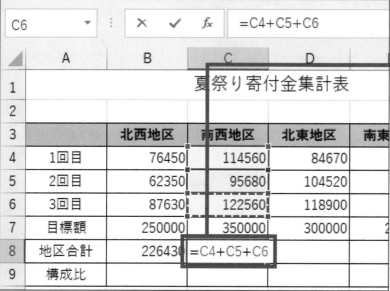

5 「＋」のあとに
セルの位置「C6」
が入力されました

6 <ruby>Enter<rt>エンター</rt></ruby>キーを
押します

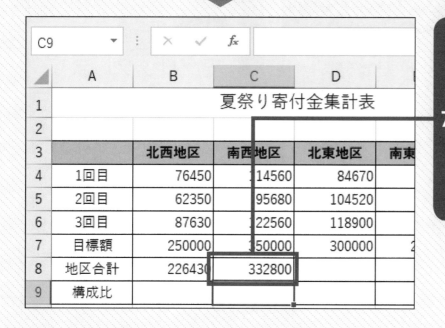

計算結果が
表示されました

7 ！ 引き算（−）、掛け算
（＊）、割り算（/）も同
じ方法で計算すること
ができます

おわり

Section 41 行（列）の合計を求めよう

同じ行や列に数値が連続して入力されている場合、Σ を使うと、かんたんに合計を求められます。合計に必要なセル範囲は自動的に選択されます。

●操作に迷ったときは…… 左クリック **11** ページ キー **14** ページ

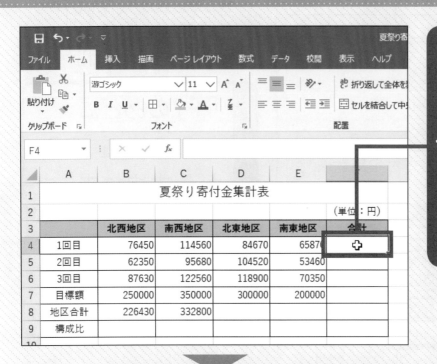

1 合計を表示する
セル「F4」を
左クリックします

! ここでは、セル「B4」
からセル「E4」までを
合計して、結果をセル
「F4」に表示します

2 **ホーム** の オートSUM **Σ** を
左クリックします

Σ は **ホーム** タブの
右上にあります

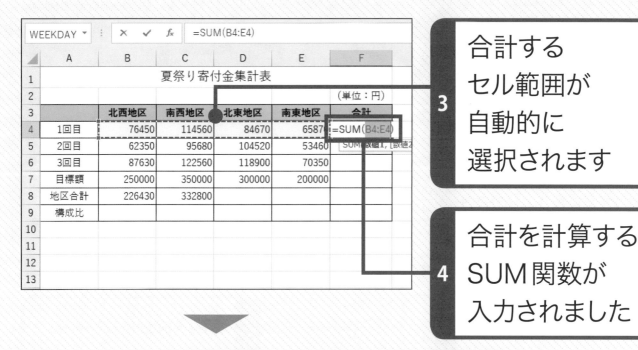

3 合計する
セル範囲が
自動的に
選択されます

4 合計を計算する
SUM関数が
入力されました

5 エンター
Enterキーを
押します

6 合計が
表示されました

おわり

Column 関数とは

「関数」とは、目的の計算を行うために、あらかじめ
用意されている機能のことです。関数を利用すると、
複雑な計算式を入力しなくても、計算に必要な値を
指定するだけで、かんたんに計算結果を求めること
ができます。

Section 42 計算式をコピーしよう

同じ計算を繰り返す場合は、計算式をコピーすると便利です。計算式で指定されているセルの位置は、コピー先のセルに合わせて自動的に変化します。

●操作に迷ったときは…… 左クリック **11** ページ　ドラッグ **12** ページ

1 計算結果が表示されたセル「F4」を左クリックします

セルを左クリックすると、数式バーに数式が表示されます

2 右下にあるグリーンの ■（フィルハンドル）に ✚（ポインター）を移動すると、形が ✚ に変わります

3 そのまま計算式
をコピーしたい
セルまで
ドラッグします

! ここでは、セル「F4」か
らセル「F7」までドラッ
グします

4 マウスのボタンを
離します

5 計算式が
コピーされて、
結果が自動的に
表示されます

おわり

Column コピーするとセルの位置が自動的に変わる

計算式をコピーすると、コピーもとの計算式で指定
されているセルの位置は、コピー先に合わせて自動
的に変わります。この例では、セル「F4」の「= SUM
(B4:E4)」が、セル「F5」には「= SUM(B5:E5)」として
コピーされます。これを「相対参照」といいます。

Section 43 合計する範囲を修正しよう

118ページのように Σ を使うと、合計するセル範囲は自動的に選択されます。範囲が間違っている場合は、範囲を修正しましょう。

● 操作に迷ったときは…… 左クリック **11** ページ ドラッグ **12** ページ キー **14** ページ

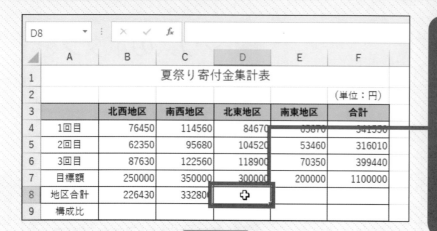

1 合計を表示する
セル「D8」を
左クリックします

! ここでは、セル「D4」からセル「D6」までを合計します

2 ホーム の Σ(オートSUM) を
左クリックします

3 間違った
セル範囲が
選択されました

! ここでは、セル「D4」から「D7」までが選択されています

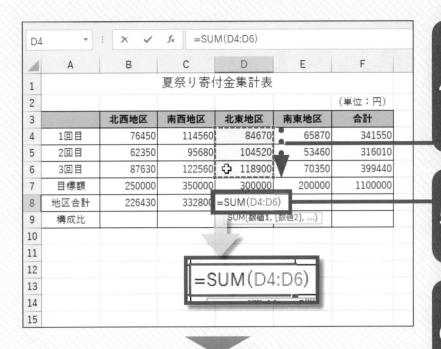

4 セル「D4」から
セル「D6」までを
ドラッグします

5 範囲が
修正されました

6 [Enter]キーを
押します

7 合計が正しく
表示されました

! 120ページの方法で、
計算式を右方向に2つ
分、コピーしておきます

 合計のセルの左上に ◪ (エラーインジケーター)が
表示されますが、無視してかまいません

おわり

Column エラーインジケーターを非表示にするには

◪ を非表示にしたい場合は、
セルを左クリックして、 ◪ を
左クリックし、＜エラーを無視
する＞を左クリックします。

7	目標額	250000	350000	300000
8	地区合計	226430	33 ! ▾	308090
9		数式は隣接したセルを使用していません		
10		数式を更新してセルを含める(U)		
11		このエラーに関するヘルプ		
12		エラーを無視する		
13		数式バーで編集(E)		
14		エラー チェック オプション(O)...		
15				

Section 44 セルを固定して計算しよう

数式をコピーすると、通常では、参照先のセルが自動的に変更されます。
常に特定のセルを参照させたい場合は、セルを固定して計算します。

● 操作に迷ったときは……　左クリック **11** ページ　ドラッグ **12** ページ　キー **14** ページ　入力 **42** ページ

セルを固定して計算しよう

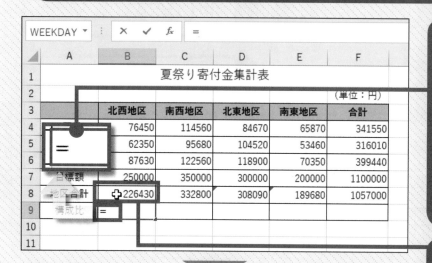

1 結果を表示する
セル「B9」に
半角で
「=」（イコール）
と入力します

2 セル「B8」を
左クリックします

3 「=」のあとに、
セルの位置「B8」
が入力されました

4 半角で「/」と
入力します

ここでは、地区別の合計を
全合計のセル「F8」の値で
割って、構成比を求めます

5 セル「F8」を
左クリックします

6 セルの位置「F8」
が入力されました

7 F4 キーを
押します

! F4 キーは、キーボー
ドの一番上にあります

「F8」が「$F$8」
に変わりました

8 ! ここでは、F4 キーを押
して、セル「F8」を固定
しています

エンター
9 Enter キーを
押します

計算結果が

10 表示されました

5
章

表を使って計算しよう

次へ

計算式をコピーしよう

1 計算結果が
表示された
セル「B9」を
左クリックします

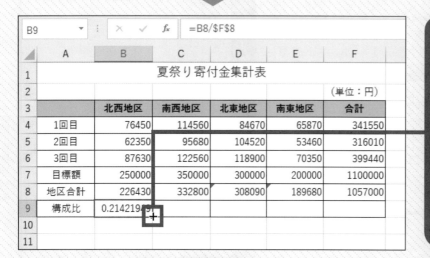

2 右下にある
グリーンの ■ に（フィルハンドル）
✛ を移動すると、（ポインター）
形が **+** に
変わります

そのまま右方向
にドラッグします

3

! ここでは、セル「B9」
からセル「E9」までド
ラッグします

セルを固定していないと
計算式が正しくコピーされず、
「#DIV/0!」というエラーが表示されます

B9			fx	=B8/$F$8	

	A	B	C	D	E	F
1			夏祭り寄付金集計表			
2						(単位：円)
3		北西地区	南西地区	北東地区	南東地区	合計
4	1回目	76450	114560	84670	65870	341550
5	2回目	62350	95680	104520	53460	316010
6	3回目	87630	122560	118900	70350	399440
7	目標額	250000	350000	300000	200000	1100000
8	地区合計	226430	332800	308090	189680	1057000
9	構成比	0.2142194	0.31485336	0.29147588	0.17945128	
10						
11						
12						
13						
14						
15						
16						
17						

4 マウスのボタンを離します

5 計算式がコピーされて、結果が自動的に表示されます

おわり

 相対参照と絶対参照

コピー先のセルの位置に合わせて、参照するセルの位置が変わる方式を「相対参照」、参照するセルの位置を固定する方式を「絶対参照」といいます。
たとえば、相対参照で「＝ A3 ＋ B3」を下の行にコピーすると、参照先のセルが「＝ A4 ＋ B4」に変わります。
一方、セル「A3」を絶対参照にした「＝ $A$3 ＋ B3」を下の行にコピーしても、参照先はセル「A3」のまま固定されます。

	A	B	C	D
1				
2			相対参照	合計
3	100	50	=A3+B3	150
4	200	100	=A4+B4	300
5				

	A	B	C	D
1				
2			絶対参照	合計
3	100	50	=$A$3+B3	150
4	200	100	=$A$3+B4	200
5				

5章 表を使って計算しよう

127

Section 45 ,（カンマ）や％で数値を見やすくしよう

数字が金額の場合は、3桁ごとに「,」（カンマ）を付けると見やすくなります。
比率の場合は、「％」（パーセント）を付けるとわかりやすくなります。

● 操作に迷ったときは…… 左クリック **11** ページ ドラッグ **12** ページ

数値に3桁ごとの「,」を付けよう

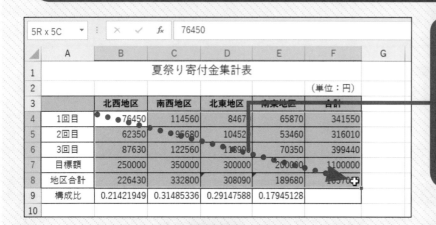

1 セル「B4」から
セル「F8」までを
ドラッグして
選択します

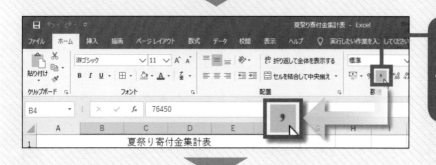

2 ホームの 桁区切りスタイル を
左クリックします

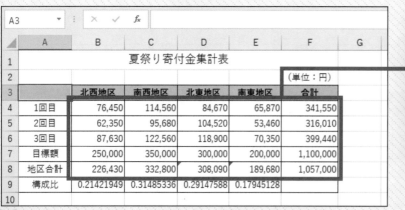

3 数値に3桁ごとの
「,」（カンマ）が
付いた形式で
表示されました

構成比をパーセント形式にしよう

1 セル「B9」から
セル「E9」までを
ドラッグして
選択します

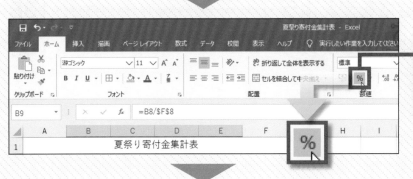

2 ホーム の パーセントスタイル % を
左クリックします

3 セルの数値が
パーセント形式で
表示されました

! 数値をパーセント形式
にすると、小数点以下
の桁数が四捨五入され
ます

これで、集計表の完成です!

おわり

129

第6章 表からグラフを作ろう

表のデータをグラフにすると、データを視覚的に表現でき、データの変化や傾向などが把握しやすくなります。第5章で作成した表から棒グラフを作成して、グラフの位置を移動したり、大きさを変更したり、見栄えを変更したりする方法を覚えましょう。

この章でできるようになること

表からグラフを作ることができます! ▶132〜139ページ

▲	A	B	C	D	E	F
1			夏祭り寄付金集計表			
2						(単位:円)
3		北西地区	南西地区	北東地区	南東地区	合計
4	1回目	76,450	114,560	84,670	65,870	341,550
5	2回目	62,350	95,680	104,520	53,460	316,010
6	3回目	87,630	122,560	118,900	70,350	399,440
7	目標額	250,000	350,000	300,000	200,000	1,100,000
8	地区合計	226,430	332,800	308,090	189,680	1,057,000
9	構成比	21%	31%	29%	18%	

表をグラフにすると
データがわかりやすく
なります。
グラフの作成方法と
位置やサイズの
変更方法を解説します

グラフの見栄えや色味を変えることができます! ▶140ページ

グラフのスタイルや色味を変更すると、
グラフの見栄えがグッとよくなります

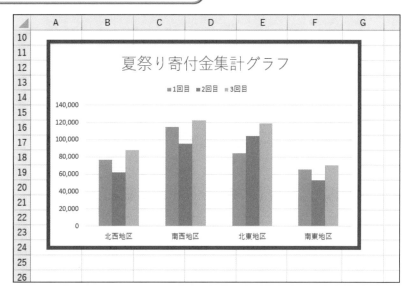

Section 46 棒グラフを作成しよう

エクセルでは、さまざまな種類のグラフをかんたんに作ることができます。
グラフを作成すると、データを視覚的に把握できます。

● 操作に迷ったときは…… 左クリック **11** ページ　ドラッグ **12** ページ　入力 **42** ページ

棒グラフを作ろう

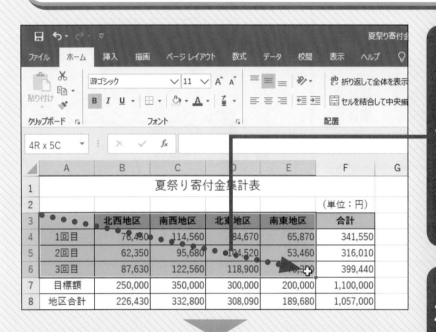

1　グラフにしたい
セル範囲を
ドラッグします

！ ここでは、セル「A3」
からセル「E6」までド
ラッグします

2　ドラッグした範囲
が選択されました

3　挿入 を
左クリックします

見出しもきちんと
選択しておきましょう

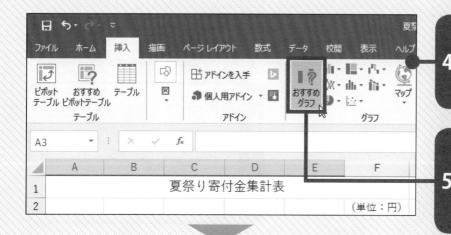

4 タブが
切り替わりました

5 おすすめグラフ

🔢 を
左クリックします

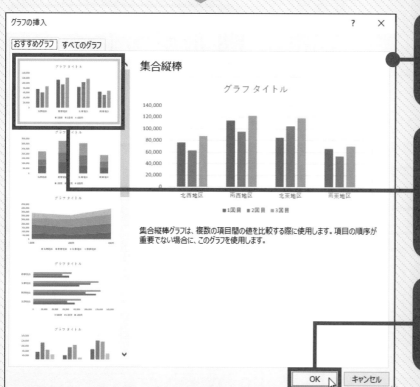

6 新しいウィンドウ
が表示されました

7 作成したい
グラフを
左クリックします

8 OK を
左クリックします

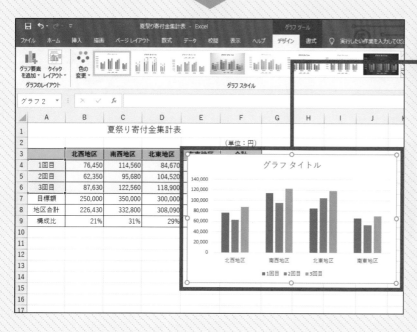

9 棒グラフが
作成できました

	A	B	C	D
1		夏祭り寄付金集計表		
2				(単位：円)
3		北西地区	南西地区	北東地区
4	1回目	76,450	114,560	84,670
5	2回目	62,350	95,680	104,520
6	3回目	87,630	122,560	118,900
7	目標額	250,000	350,000	300,000
8	地区合計	226,430	332,800	308,090
9	構成比	21%	31%	29%

続いて、グラフタイトルを
入力しましょう

次へ

グラフタイトルを入力しよう

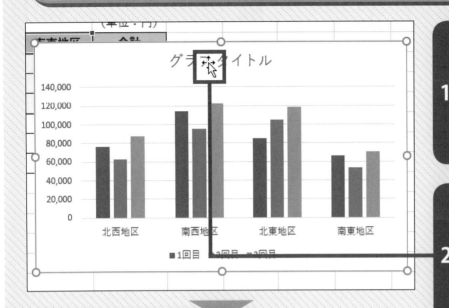

1 グラフ タイトル の
上に ポインター ✚ を
移動します

2 形が ポインター ✛ に
変わったところで
左クリックします

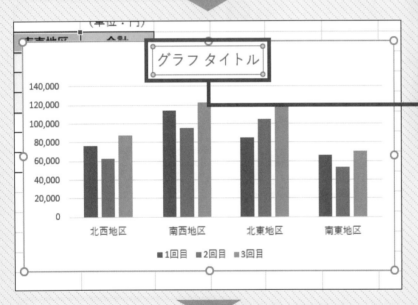

3 グラフ タイトル が
選択されました

グラフタイトルを付けない場合は、
この状態で Delete キーを押すと、
「グラフタイトル」が削除されます

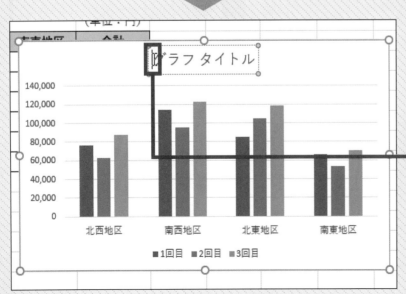

4 「グ」の左側を
左クリックします

134

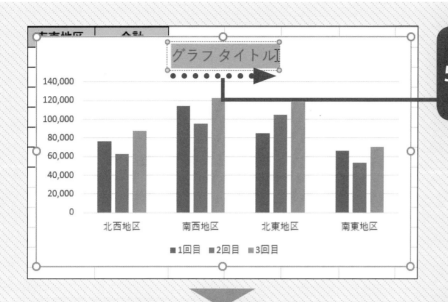

5 「ル」の後ろまでドラッグします

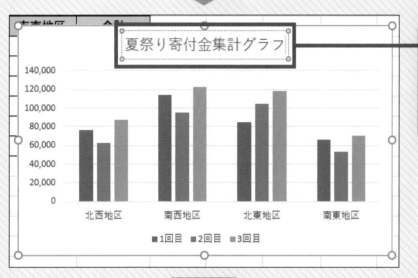

6 「夏祭り寄付金集計グラフ」と入力します

7 グラフの余白を左クリックします

! グラフや項目名を左クリックしないように気をつけましょう

8 グラフタイトルが変更できました

これで、グラフが作成できました

おわり

Section 47 グラフの位置を変更しよう

グラフを作成すると、ワークシートの中央に配置されます。グラフをドラッグすると、位置を調整することができます。

● 操作に迷ったときは…… 左クリック **11** ページ　ドラッグ **12** ページ

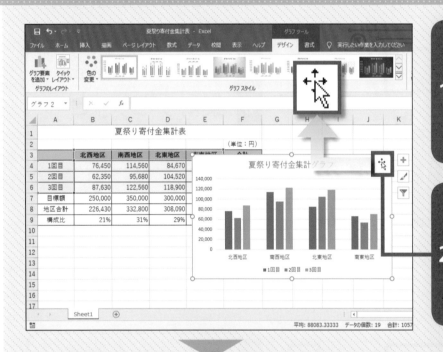

1 グラフの余白に ポインター ✛ を 移動します

2 形が ポインター に 変わったところで、 左クリックします

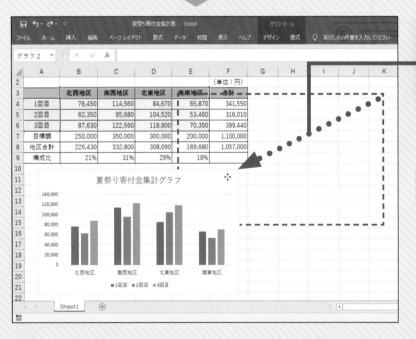

3 その状態で ドラッグします

あわてずに、ゆっくりと ドラッグしましょう！

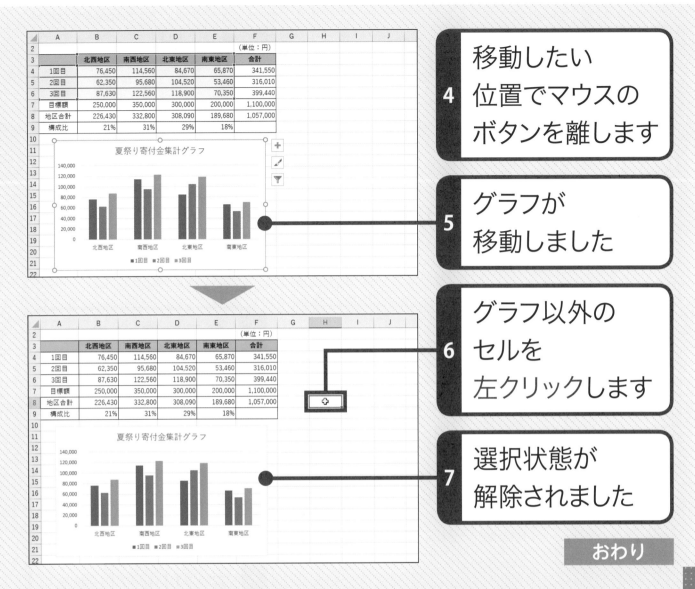

	A	B	C	D	E	F
2						(単位：円)
3		北西地区	南西地区	北東地区	南東地区	合計
4	1回目	76,450	114,560	84,670	65,870	341,550
5	2回目	62,350	95,680	104,520	53,460	316,010
6	3回目	87,630	122,560	118,900	70,350	399,440
7	目標額	250,000	350,000	300,000	200,000	1,100,000
8	地区合計	226,430	332,800	308,090	189,680	1,057,000
9	構成比	21%	31%	29%	18%	

4 移動したい位置でマウスのボタンを離します

5 グラフが移動しました

6 グラフ以外のセルを左クリックします

7 選択状態が解除されました

おわり

表からグラフを作ろう

Column　グラフの右上に表示されるアイコンは何?

グラフを選択すると、右上に3つのアイコンが表示されます。これらを利用すると、グラフ要素（グラフを構成する部品）を追加・変更したり、グラフのスタイルを変更（140ページ参照）したりすることができます。

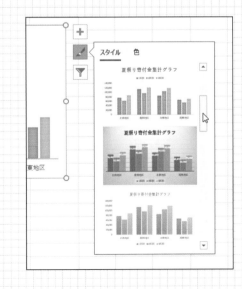

Section 48 グラフの大きさを変えよう

グラフの大きさは、自由に変更することができます。グラフを左クリックして選択し、周囲に表示されるサイズ変更ハンドルをドラッグします。

● 操作に迷ったときは…… 　左クリック **11** ページ　　ドラッグ **12** ページ　　キー **14** ページ

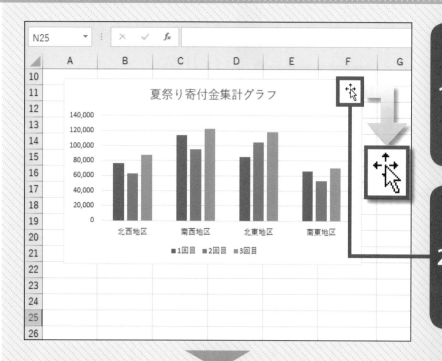

1 グラフの余白に
ポインター
➕ を
移動します

2 形が ✛ に
変わったところで、
左クリックします

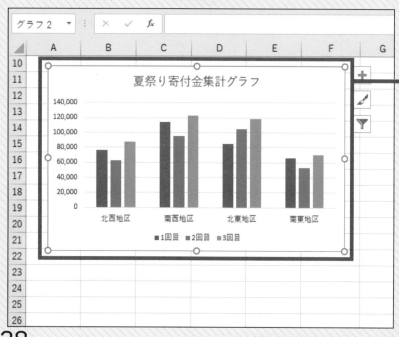

3 グラフが
選択されました

グラフを選択すると、
周りにサイズ変更ハンドルが
表示されます

5 形が ↖↘ に
変わりました

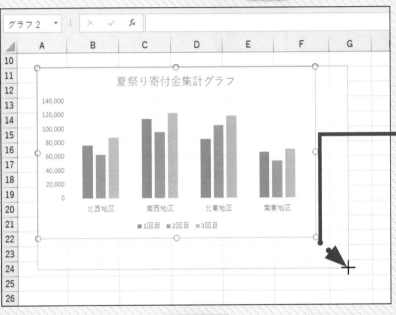

6 そのままで
目的の大きさに
なるまで右下に
ドラッグします

! 小さくするときは、左
上にドラッグします

7 マウスのボタンを
離します

8 グラフの大きさが
変更されました

! Shift キーを押しながら
ドラッグすると、縦横
比を変えずに大きさを
変えられます

おわり

Section 49 グラフの見栄えを変えよう

エクセルに用意されているグラフのスタイル機能を利用すると、一覧から選択するだけで、グラフ全体の見栄えを変えることができます。

● 操作に迷ったときは…… 左クリック **11**ページ

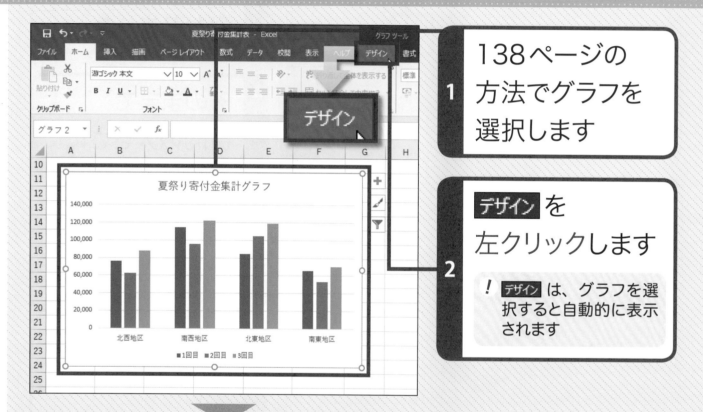

1 138ページの方法でグラフを選択します

2 デザイン を左クリックします

! デザイン は、グラフを選択すると自動的に表示されます

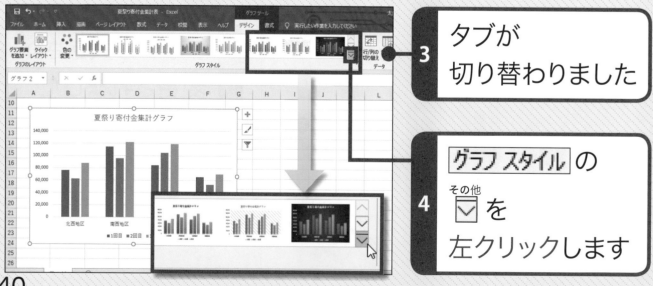

3 タブが切り替わりました

4 グラフ スタイル の その他 ☑ を左クリックします

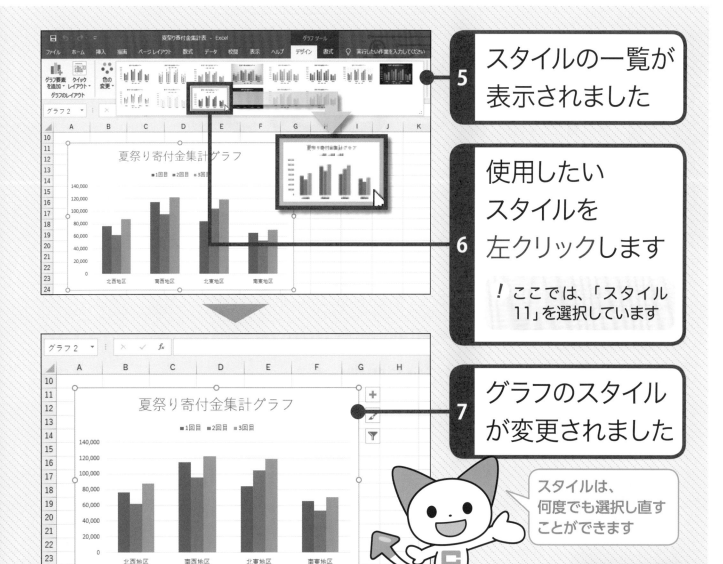

5 スタイルの一覧が表示されました

6 使用したいスタイルを左クリックします

!　ここでは、「スタイル11」を選択しています

7 グラフのスタイルが変更されました

スタイルは、何度でも選択し直すことができます

おわり

Column グラフの色味を変更する

デザイン タブの 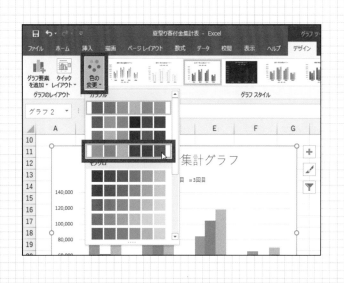 を左クリックすると、色の一覧が表示されます。この一覧からグラフの色味を変えることができます。

141

第7章 印刷をしよう

最後に、作成した表とグラフを印刷してみましょう。印刷する前に、印刷プレビューで実際に印刷したときのイメージを確認すると、失敗を防ぐことができます。また、表とグラフを別々に印刷する方法や、大きな表を1枚の用紙に収めて印刷する方法も覚えましょう。

この章でできるようになること

思いどおりの印刷ができます! ▶144〜149ページ

事前に
印刷イメージを
確認すると、印刷の
失敗を防げます。
用紙の向きや余白の
設定もできますよ!

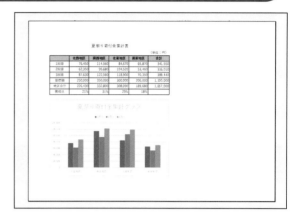

選択した表だけを印刷できます! ▶150ページ

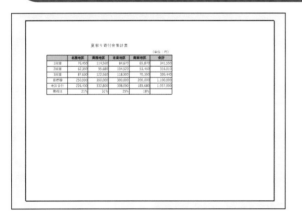

表とグラフを
作成した
ワークシートから、
表だけを印刷する
ことができます

はみ出した表を用紙に収めて印刷できます! ▶152ページ

表が用紙から
少しだけはみ出て
しまうときは、
収まるように
設定を変更します

Section 50 印刷イメージを事前に確認しよう

作成した表やグラフを印刷する前に、印刷プレビューで印刷したときのイメージを確認すると、思いどおりの印刷ができます。

●操作に迷ったときは…… 左クリック **11** ページ

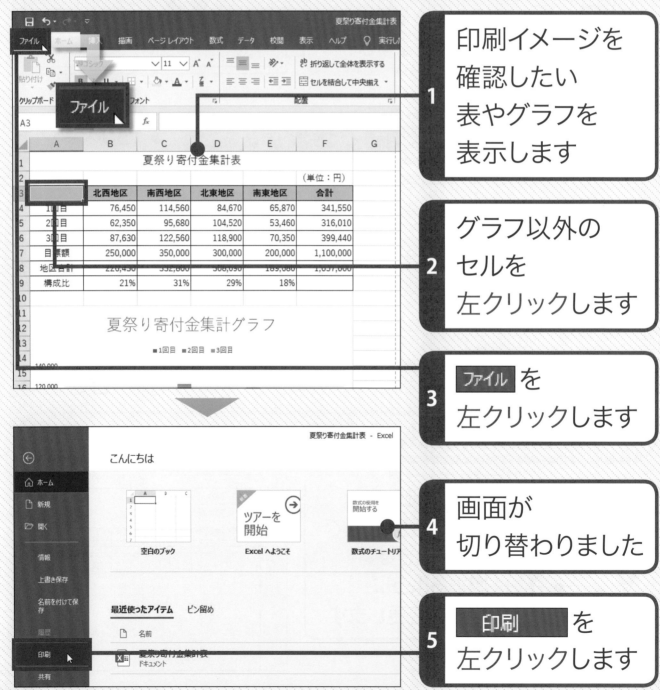

1 印刷イメージを確認したい表やグラフを表示します

2 グラフ以外のセルを左クリックします

3 ファイル を左クリックします

4 画面が切り替わりました

5 印刷 を左クリックします

夏祭り寄付金集計表

	北西地区	南西地区	北東地区	南東地区	合計
					(単位：円)
1回目	76,450	114,560	84,670	65,870	341,550
2回目	62,350	95,680	104,520	53,460	316,010
3回目	87,630	122,560	118,900	70,350	399,440
目標額	250,000	350,000	300,000	200,000	1,100,000
地区合計	226,430	332,800	308,090	189,680	1,057,000
構成比	21%	31%	29%	18%	

夏祭り寄付金集計グラフ

■1回目 ■2回目 ■3回目

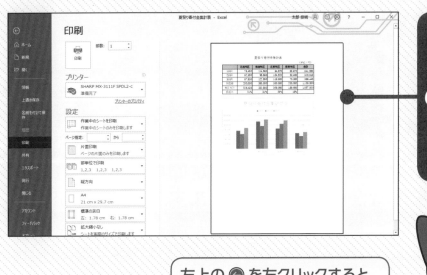

6 画面が切り替わり、右側に印刷プレビューが表示されました

左上の ← を左クリックすると、もとの編集画面に戻ります

おわり

解説 プレビュー画面の見方

プレビューは、画面右下にある 🔲 を左クリックして、表示倍率を変えることができます。プレビューの表示が小さくて、文字がセル内にきちんと収まっているかどうかなどが判断しにくいときに利用するとよいでしょう。また、表が複数ページにまたがる場合は、左下にある ◀、▶ を左クリックして、ページを順に表示させることができます。

| 前のページ | 次のページ | ページに合わせる |

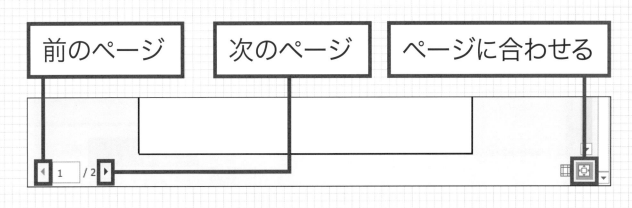

Section 51 表とグラフを印刷しよう

表やグラフを印刷する前に、用紙の向きや余白を指定しましょう。これらの設定は、印刷イメージを確認しながら行うことができます。

● 操作に迷ったときは…… 左クリック 11 ページ

用紙の向きを変更しよう

| | | | 1 | 印刷したい表とグラフを表示します |

| | | | 2 | グラフ以外のセルを左クリックします |

| | | | 3 | **ファイル** を左クリックします |

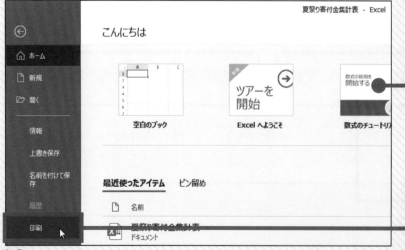

| | | | 4 | 画面が切り替わりました |

| | | | 5 | **印刷** を左クリックします |

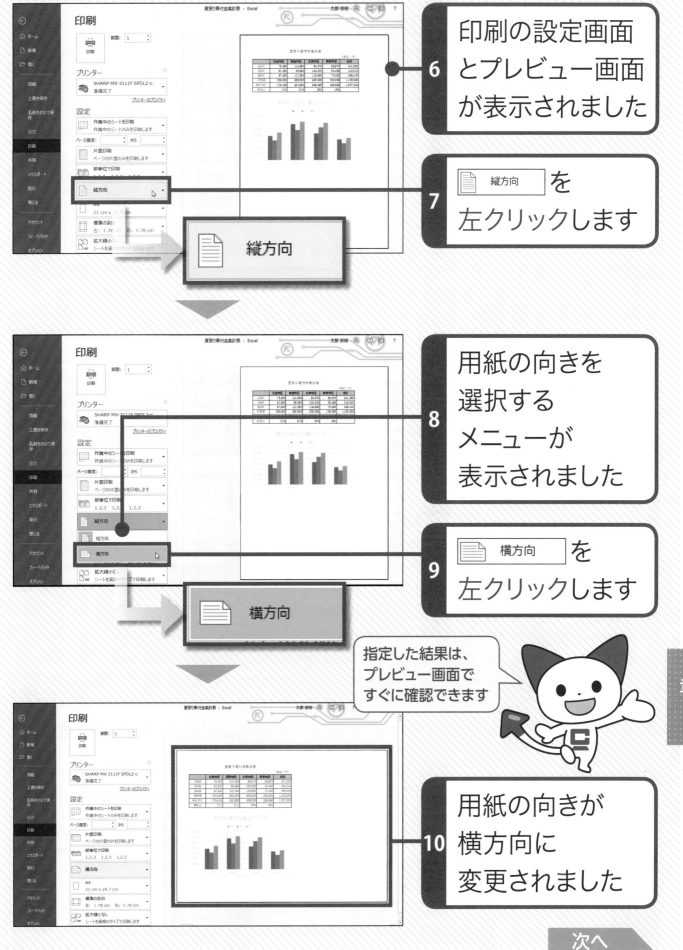

6 印刷の設定画面とプレビュー画面が表示されました

7 [縦方向] を左クリックします

8 用紙の向きを選択するメニューが表示されました

9 [横方向] を左クリックします

指定した結果は、プレビュー画面ですぐに確認できます

10 用紙の向きが横方向に変更されました

次へ

余白を変更して印刷しよう

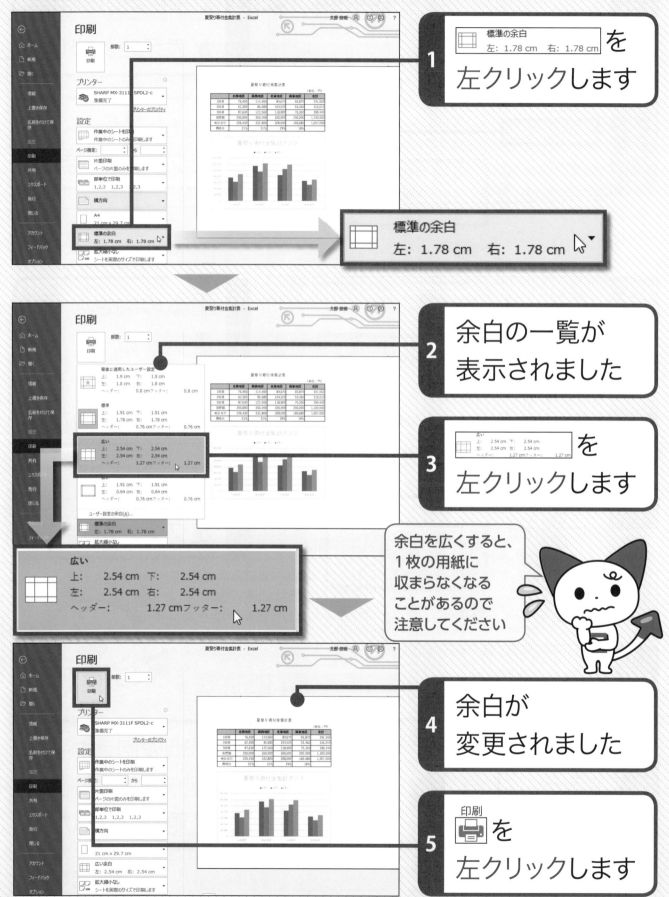

1 標準の余白 左: 1.78 cm 右: 1.78 cm を 左クリックします

標準の余白
左: 1.78 cm 右: 1.78 cm

2 余白の一覧が 表示されました

3 広い 上: 2.54 cm 下: 2.54 cm 左: 2.54 cm 右: 2.54 cm ヘッダー: 1.27 cmフッター: 1.27 cm を 左クリックします

広い
上: 2.54 cm 下: 2.54 cm
左: 2.54 cm 右: 2.54 cm
ヘッダー: 1.27 cmフッター: 1.27 cm

余白を広くすると、1枚の用紙に収まらなくなることがあるので注意してください

4 余白が 変更されました

5 印刷 を 左クリックします

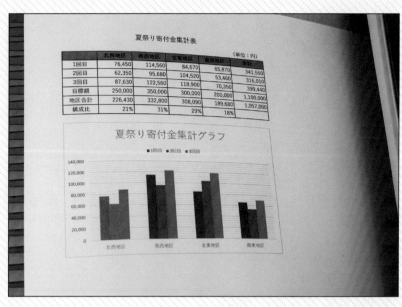

6 表とグラフが
印刷されました

できあがり!

おわり

 用紙のサイズを変更するには

ここでは、初期設定のA4サイズで印刷していますが、用紙サイズを変えて印刷したい場合は、以下のように操作します。なお、選択できる用紙の種類は、使用しているプリンターによって異なります。

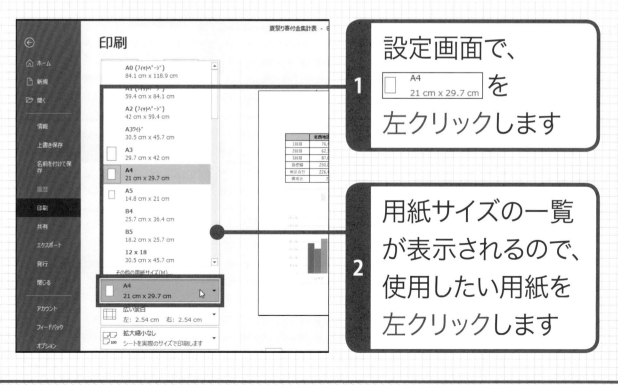

1 設定画面で、
A4
21 cm x 29.7 cm を
左クリックします

2 用紙サイズの一覧が表示されるので、使用したい用紙を左クリックします

Section 52 選択した表だけを印刷しよう

ワークシートに表とグラフを作成してあるとき、表だけ、あるいはグラフだけを印刷することができます。対象を選択して、選択部分のみを印刷します。

● 操作に迷ったときは…… 左クリック **11** ページ　ドラッグ **12** ページ

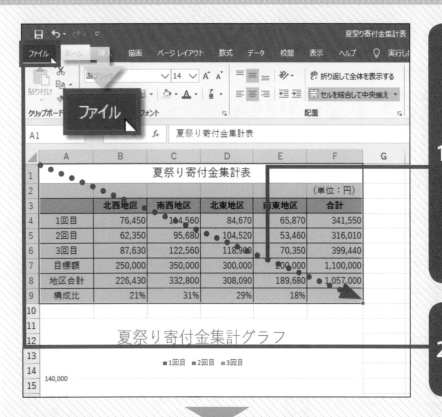

1 印刷したい
セル範囲を
ドラッグして
選択します

! ここでは、セル「A1」
からセル「F9」までド
ラッグしています

2 ファイル を
左クリックします

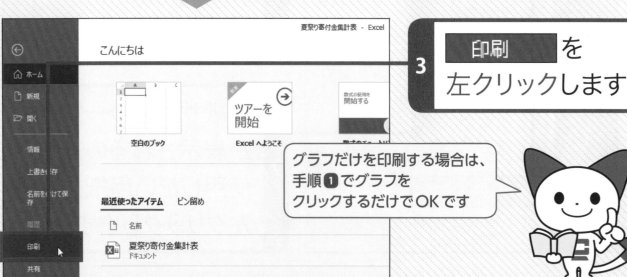

3 印刷 を
左クリックします

グラフだけを印刷する場合は、
手順❶でグラフを
クリックするだけでOKです

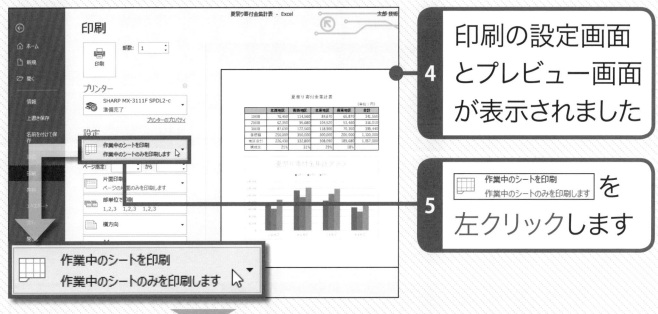

4 印刷の設定画面とプレビュー画面が表示されました

5 作業中のシートを印刷 作業中のシートのみを印刷します を左クリックします

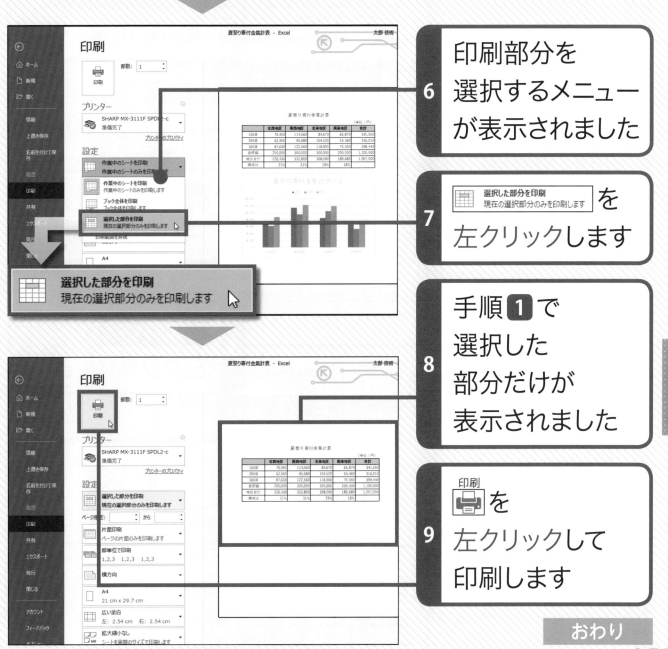

6 印刷部分を選択するメニューが表示されました

7 選択した部分を印刷 現在の選択部分のみを印刷します を左クリックします

8 手順 1 で選択した部分だけが表示されました

9 印刷 を左クリックして印刷します

おわり

Section 53 用紙1枚に収めて 印刷しよう

作成した表が1ページに収まらずに、少しだけ用紙からはみ出してしまう場合は、1ページに収まるように印刷の設定を変更します。

● 操作に迷ったときは…… 左クリック **11** ページ

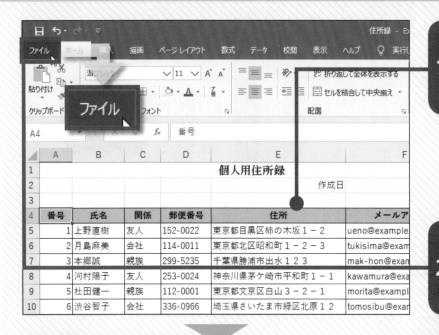

1 印刷したい表を 表示します

2 ファイル を 左クリックします

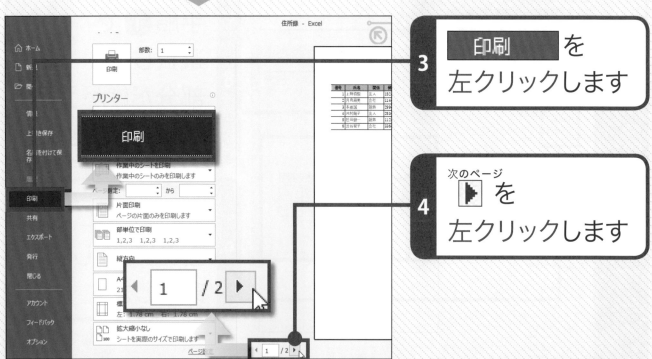

3 印刷 を 左クリックします

4 次のページ ▶ を 左クリックします

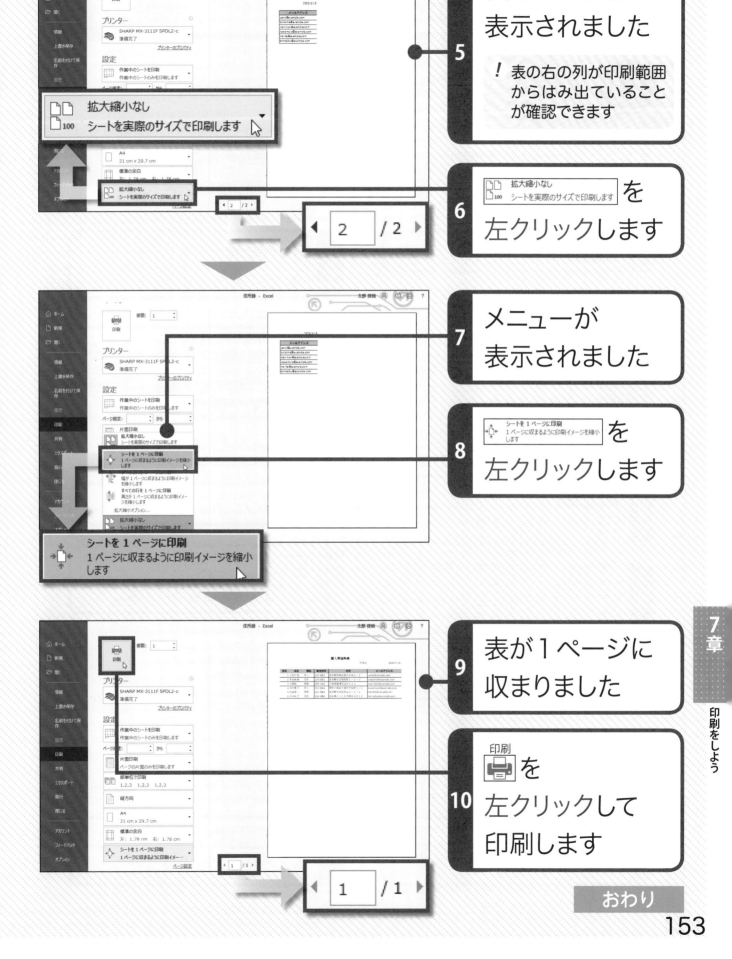

次のページが
表示されました

5

! 表の右の列が印刷範囲
からはみ出ていること
が確認できます

拡大縮小なし
100 シートを実際のサイズで印刷します を

6 左クリックします

メニューが
表示されました

7

シートを 1 ページに印刷
1 ページに収まるように印刷イメージを縮小
します を

8 左クリックします

表が1ページに
収まりました

9

印刷
を

10 左クリックして
印刷します

おわり

Q アルフ ァベットが勝手に大文字になってしまう！

A 英文字の先頭文字を自動的に大文字にするオートコレクト機能によるものです。この機能は無効にできます。

1 ファイル を左クリックします

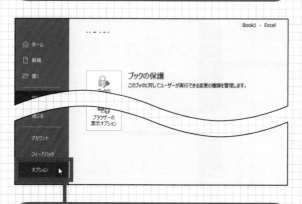

2 オプション を
左クリックします

3 文章校正 を
左クリックします

4 オートコレクトのオプション(A)... を
左クリックします

5 オートコレクト を
左クリックします

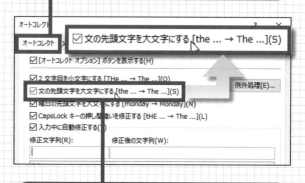

6 ここを左クリックします

7 ☑ が □ に変わり、
機能が無効になりました

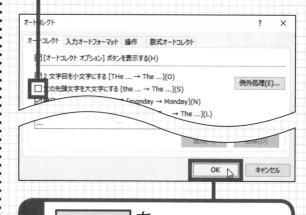

8 OK を
左クリックします

Q 日本語がカタカナで入力されてしまう!

A 日本語入力モードが「全角カタカナ」あるいは「半角カタカナ」になっています。入力モードを「ひらがな」に切り替えることで解決できます。

1 画面右下の通知領域にある入力モードアイコンを確認します

> ⚠ ㋺ が表示されているときは全角カタカナ、 ㋺ が表示されているときは半角カタカナ入力モードになっています

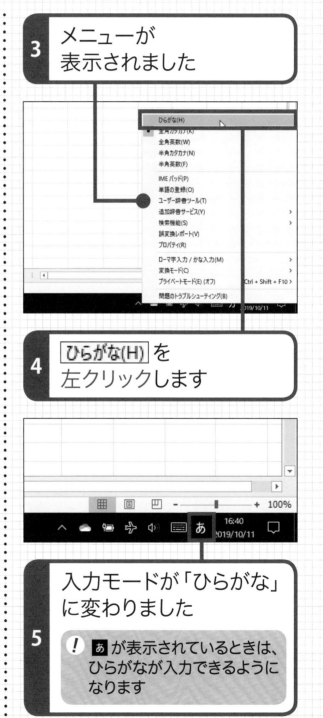

2 ㋺ を右クリックします

3 メニューが表示されました

4 ひらがな(H) を左クリックします

5 入力モードが「ひらがな」に変わりました

> ⚠ あ が表示されているときは、ひらがなが入力できるようになります

Q 入力した文字が勝手に変更された!

....

A 「1-2」が「1月2日」、「(1)」が「-1」になるなど、入力したとおりに文字が表示されない場合は、セルの値の表示形式を文字列に変更します。

---

1 対象のセルをドラッグします

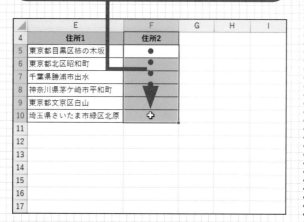

2 ホーム の 標準 ∨ の ∨ を左クリックします

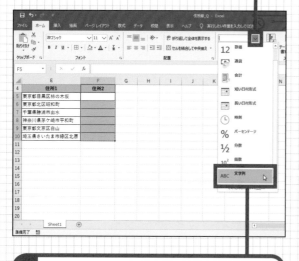

3 文字列 を左クリックします

---

4 セルの値の表示形式が＜文字列＞に変わりました

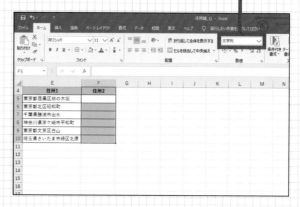

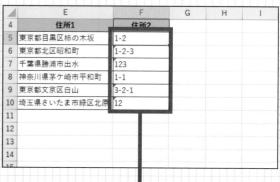

5 入力したとおりに文字が表示されました

！ セルの左上に表示される ◤ は、無視してかまいません

！ 先頭に「'」を付けて入力しても、入力したとおりに表示できます。

Q 入力していたセルがどこかわからない!

A Ctrl キーを押しながら BackSpace キーを押すか、Ctrl キーを押しながら Home キーを押します。

● Ctrl キー + BackSpace キー

1 入力していたセル(アクティブセル)がどこかわからなくなりました

	A	B	C	D	E	F	G
26	24 岩本 麻衣	113-0000	東京都	文京区本郷x-x-x	090-0000-0000	iwamoto@example.com
27	25 上原 智子	162-0000	東京都	千代田区九段西5-x-x	090-0000-0000	uehara@example.com
28	26 四谷 裕子	359-0000	埼玉県	所沢市西所沢x-x-x	090-0000-0000	yotuya@example.com
29	27 上倉 利通	162-0000	東京都	千代田区九段南6-x-x	090-0000-0000	kamikura@example.com
30	28 川村 余喜	273-0000	千葉県	鎌ヶ谷市初富x-x-x	090-0000-0000	kawamura@example.com
31	29 友都 美香	162-0000	東京都	千代田区九段西5-x-x	090-0000-0000	romobe@example.com
32	30 木本 潤子	160-0000	東京都	新宿区信濃町x-x-x	090-0000-0000	kimoto@example.com
33	31 西尾 麗子	216-0000	神奈川県	川崎市富岡区平x-x-x	090-0000-0000	nisio@example.com
34	32 高田 美樹	162-0000	東京都	千代田区九段西7-x-x	090-0000-0000	takada@example.com
35	33 以村 道哉	192-0000	東京都	八王子市石川町xxxx-x	090-0000-0000	michiya@example.com
36	34 羽田 明里	162-0000	東京都	千代田区九段南8-x-x	090-0000-0000	hada@example.com
37	35 三田 聡志	162-0000	東京都	千代田区九段南2-x-x	090-0000-0000	mita@example.com
38	36 清水 菫子	124-0000	東京都	葛飾区立石x-x-x-x	090-0000-0000	simizu@example.com

2 Ctrl キーを押しながら BackSpace キーを押します

3 直前に操作していたセルに戻りました

> ! <名前ボックス>でセルの位置を確認することもできますが、このほうがすばやく移動できます

● Ctrl キー + Home キー

1 入力していたセル(アクティブセル)がどこかわからなくなりました

	A	B	C	D	E	F	G
22	20 上野 華	162-0000	東京都	千代田区九段西5-x-x	090-0000-0000	hana@example.com
23	21 浜松 美穂	353-0000	埼玉県	新座市栗原x-x-x	090-0000-0000	hamama@example.com
24	22 品川 久美子	358-0000	埼玉県	入間市観久x-x-x	090-0000-0000	sinagawa@example.com
25	23 中山 菅龍	162-0000	東京都	千代田区西早福北5-x-x	090-0000-0000	nakayama@example.com
26	24 岩本 麻衣	113-0000	東京都	文京区本郷x-x-x	090-0000-0000	iwamoto@example.com
27	25 上原 智子	162-0000	東京都	千代田区九段西5-x-x	090-0000-0000	uehara@example.com
28	26 四谷 裕子	359-0000	埼玉県	所沢市西所沢x-x-x	090-0000-0000	yotuya@example.com
29	27 上倉 利通	162-0000	東京都	千代田区九段南6-x-x	090-0000-0000	kamikura@example.com
30	28 川村 余喜	273-0000	千葉県	鎌ヶ谷市初富x-x-x	090-0000-0000	kawamura@example.com
31	29 友都 美香	162-0000	東京都	千代田区九段西5-x-x	090-0000-0000	romobe@example.com
32	30 木本 潤子	160-0000	東京都	新宿区信濃町x-x-x	090-0000-0000	kimoto@example.com
33	31 西尾 麗子	216-0000	神奈川県	川崎市富岡区平x-x-x	090-0000-0000	nisio@example.com
34	32 高田 美樹	162-0000	東京都	千代田区九段西7-x-x	090-0000-0000	takada@example.com

2 Ctrl キーを押しながら Home キーを押します

> ! Home が ← と併用されている場合は、Fn と Ctrl を押しながら Home キーを押します

3 アクティブセルがセル「A1」に移動しました

INDEX 索引 ••••••••••••••••••••••••••••••••••••••

■お問い合わせの例

FAX

1　**お名前**
　　技術　太郎

2　**返信先の住所またはFAX番号**
　　03-XXXX-XXXX

3　**書名**
　　大きな字でわかりやすい
　　エクセル2019入門

4　**本書の該当ページ**
　　140ページ

5　**ご使用のOSとソフトウェアのバージョン**
　　Windows 10 Pro
　　Excel 2019

6　**ご質問内容**
　　＜デザイン＞タブがない

大きな字でわかりやすい
エクセル2019入門

2020年2月22日　初版　第1刷発行
2021年6月26日　初版　第2刷発行

著　者●AYURA
発行者●片岡 巌
発行所●株式会社 技術評論社
　　　　東京都新宿区市谷左内町21-13
　　　　電話　03-3513-6150　販売促進部
　　　　　　　03-3513-6160　書籍編集部
カバーデザイン●山口 秀昭（Studio Flavor）
カバーイラスト・本文デザイン●イラスト工房（株式会社アット）
編集／DTP●AYURA
担当●落合 祥太朗
製本／印刷●大日本印刷株式会社

定価はカバーに表示してあります。

ISBN978-4-297-11141-0 C3055
Printed in Japan

■問い合わせ先

〒162-0846
東京都新宿区市谷左内町21-13
株式会社技術評論社　書籍編集部
「大きな字でわかりやすい　エクセル2019入門」質問係
FAX番号　03-3513-6167

URL：https://book.gihyo.jp/116